ALWAYS BE WITH SAFETY

THINKING AND PRACTICE ON SAFETY PRODUCTION OF ENTERPRISE

与安全同行

——企业安全生产思考与探索

周崇波 瞿丽莉 谢智慧 编著

中国电力出版社
CHINA ELECTRIC POWER PRESS

内 容 提 要

本书从国际国内安全生产形势分析入手，先观大势，最终落脚到企业安全生产形势，对企业安全生产开展了多维度多层次的思考与探索，包括安全之道、安全之器、事故警示和他山之石。“道”论述风险思维、屏障思维、指导思想和法治思想等理论层面的内容，着力解决“世界观”的问题；“器”从安全投入、安全教育培训、双重预防机制建设、安全生产标准化、安全评价、相关方管理、企业安全文化建设、安全素质养成实践、应急能力建设等方面展开实践层面的做法，重在破解“方法论”的问题；同时，对企业生产安全典型事故和企业安全生产先进经验展开警示与借鉴分析，探索新时代新发展阶段企业生产始终与安全同行的思路和路径。

本书可以供生产企业的主要负责人、安全生产管理人员，以及从事安全生产研究或管理的人员参考使用。

图书在版编目（CIP）数据

与安全同行：企业安全生产思考与探索/周崇波，瞿丽莉，谢智慧编著．—北京：中国电力出版社，2023.6（2024.4重印）

ISBN 978-7-5198-7893-1

Ⅰ.①与… Ⅱ.①周… ②瞿… ③谢… Ⅲ.①电力工业－安全生产－生产管理 Ⅳ.①TM08

中国国家版本馆CIP数据核字（2023）第102264号

出版发行：中国电力出版社
地　　址：北京市东城区北京站西街19号（邮政编码100005）
网　　址：http://www.cepp.sgcc.com.cn
责任编辑：刘汝青（010-63412382）　董艳荣
责任校对：黄　蓓　王海南
装帧设计：赵姗姗
责任印制：吴　迪

印　　刷：三河市百盛印装有限公司
版　　次：2023年6月第一版
印　　次：2024年4月北京第二次印刷
开　　本：700毫米×1000毫米　16开本
印　　张：11.5
字　　数：188千字
印　　数：2501—3500册
定　　价：55.00元

序一

安全在马斯洛需求理论中处于第二层次，是除了第一层次生理这个最本体的需求之外，最本质的需求。这种本质需求，是每一个个体全面发展的基础所在，每一个社会单元和组织都应为我们每一个个体的安全需求和获得安全感贡献力量，企业安全生产就是此中应有之义。

如何做好企业安全生产工作？这个命题，在微观上，是企业一切工作的基础和前提，是企业高质量发展的出发点，也是企业基业长青的压舱石；在宏观上，事关“人民至上、生命至上”两个至上，事关统筹发展和安全两件大事，同时也是“从根本上消除事故隐患，从根本上解决问题”两个根本，因此答好这个命题至关重要，是安全生产行稳致远的关键所在、基础所在。随着工业化进程持续推进，新兴业态不断出现，企业存量风险与增量风险并存，安全形势发生了深刻变化；而随着科学技术水平持续提高，体制机制不断创新，安全技术和安全管理也发生了深层次变化。正是基于这些积极的变化，产生了“新”形势，形成了“新”理念，实践了“新”办法，培育了“新”成效，是新时代企业安全生产领域的“守正创新”。

《与安全同行——企业安全生产思考与探索》一书的作者非常关注安全生产形势，观“势”之变，积极思考安全理念，不断追求安全行动，多维度多层次思考问题，思“道”之变，并最终将安全生产这个命题落在企业这个非常关键的社会组织单元中去探索企业安全生产有效模式，进行了深入的案例警示和实证分析，寻“器”之变。这些思考与探索，是各行各业生产经营单位不断适应新形势、满足新要求、实践新理念的一种微观层的“世界观”或“方法论”，值得各领域、各行业、各层级生产经营单位等社会组织单元去学习、借鉴和应用。

安全从来伴随着生产和社会活动展开，只要社会经济在发展进步，“安全”这个永恒课题就一直在路上，而且随着时势变化不断发生迭代升级，无需避讳，安全生产将会面临新问题，遭遇新挑战，但无论风险几何，只要精准抓住形势变化的“宗”，深刻把握安全工作的“髓”，就一定能够实现该书的初心目标，书写安全生产时代作品，与安全同行！

2023 年 5 月于杭州

安全生产事关人民群众生命财产安全，事关改革开放和社会稳定大局，事关社会主义和谐社会建设。党中央、国务院始终高度重视安全生产工作，特别是党的十八大以来，以习近平同志为核心的党中央始终高度重视安全生产工作。“十三五”期间，习近平总书记站在新的历史方位，就安全生产工作作出了一系列重要指示批示，提出了一系列新思想新观点新思路，反复告诫要牢固树立安全发展理念，正确处理安全和发展的关系，坚持发展决不能以牺牲安全为代价这条红线。在习近平新时代中国特色社会主义思想指导下，相继实施了一系列重大决策部署，切实加强安全生产法制建设，改革创新安全监管监察体制机制，出台实施支持安全生产的一系列重大政策，持续深化重点行业领域安全生产专项整治，严格安全生产责任落实并厉行问责，不断加强安全生产应急救援能力建设，大力推进安全文化建设。通过各地区、各部门和全社会的共同努力，全国安全生产逐年呈现总体稳定、持续好转的发展态势。

从2003年开始，全国已经连续十九年实现事故总量和事故死亡人数的“双下降”。2021年全国生产安全事故起数和死亡人数同比分别下降11.0%、5.9%，连续第二年未发生特别重大事故，是新中国成立以来最长的间隔期。2022年全国生产安全事故、较大事故、重特大事故起数和死亡人数实现“三个双下降”，事故总量和死亡人数同比分别下降27.0%、23.6%。

但与发达国家相比，我国各类生产安全事故总量依然较大，重特大事故时有发生，非法违法生产经营建设屡禁不止、安全管理和监督不到位、隐患治理整顿和应急处置不力等问题在一些地方、行业和企业还不同程度地存在，安全生产形势仍然严峻。

“十四五”时期是我国在全面建成小康社会、实现第一个百年奋斗目标之后，乘势而上开启全面建设社会主义现代化国家新征程、向第二个百年奋斗目标进军的第一个五年。立足新发展阶段，党中央、国务院对安全生产工作提出更高要求，强调坚持人民至上、生命至上，统筹好发展和安全两件大事，着力构建新发展格局，实现更高质量、更有效率、更加公平、更可持续、更为安全的发展，为做好新时代新时期安全生产工作指明了方向。

《与安全同行——企业安全生产思考与探索》一书的作者长期从事安全与管理工作，深耕企业安全管理、安全评价及安全培训多年，有着非常丰富的安全生产实践和安全管理经验，在多年的安全生产工作中悉心研究，善于创新和总结，积极思考和探索适合我国企业发展现状的安全管理模式，深刻揭示思维机理、实践依据，并分享实际操作，既有理论的高度，又有实践的深度，值得学习参考并借鉴应用于企业安全生产过程，以此为企业生产与安全同行不断加持力量。

该书的出版，不仅是对企业安全管理理论研究进行的有益探索，更重要的是对企业安全生产管理实践也具有很好的指导意义。

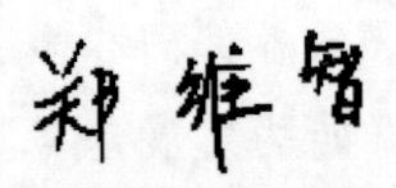

2023年5月于新疆大学

前言

生产从来伴随着风险与挑战，这一个过程，我们希望一路都与安全同行，这是本书的初衷。

广义上讲，社会生产活动中，人、机（设备）、物料、环境、事故风险和伤害因素始终处于有效控制状态，即是一种安全。新时代安全生产处于哪个历史方位？我们需要了解安全生产这个伙伴从哪里来，经历了哪些，它将往哪里去，于是我们从安全形势的分析中去寻找答案，追溯一九九〇年，直面二〇二三年，三十余年改变改善，虽有曲折，却是一直向上努力，达到了峰值，实现了转折，进入了爬坡过坎期。行百里者半九十，于安全生产，今后将是更加吃紧的时候，依然严峻的形势尚未根本扭转，这是对新的历史方位比较中肯的定位。

正是基于这样客观的认识，才会产生正确的世界观，安全生产也是如此。我们回归安全的本来，去探寻安全之道。为了生产安全，需要与一切事故和一切隐患斗争，归根结底是与一切风险斗争。斗争的法宝，便是层层设置屏障，软硬兼施。何以敢于斗争，善于斗争？安全生产的根本遵循是习近平总书记关于安全生产的重要论述，严峻的形势仍需更加严格的法治，依法治安，从严治安，以保万无一失之安全。

道之无形，惟有化行动成形，这便是安全之器，也是安全生产的方法论。总结凝练一些经过历史和实践检验的成熟做法，为守正；大胆尝试积极创造一些新的方式方法，为创新。守正与创新，其根本目的在于实现安全，涵盖了安全投入、安全教育培训、双重预防机制建设、安全生产标准化、安全评价、相关方管理、企业安全文化建设、安全素质养成实践、应急能力建设等，不一而足。

虽然织起安全密网，但却不是铜墙铁壁，总有漏网之鱼。安全事故总量和死亡人数逐年下降，但交通事故、中毒窒息、火灾爆炸、坍塌触电、高处坠落、危险作业，依然事故高发，频频出现，时时充斥耳闻。为什么？怎么办？每一起事故，无不是生命的代价抑或是财产的损失，对过去发生的事故绝不能仅仅当成故事，更要从中汲取经验教训，警钟长鸣，警示我们时时刻刻想安全之事，行安全之道。

安全生产须臾不可放松，没有捷径可走，只有扎扎实实地干。他山之石，可以攻玉，生产发展进程中一些新问题、新挑战不断呈现，存量风险仍在，增量风险叠加，许多企业做了非常有意义的探索，并取得成效。如此这些，我们需要学习之，吸收之，引进之，应用之。通过参考借鉴，活学活用，结合实际，探索出一套符合自身需要的安全生产管理之法，谓之“广阔天地，大有作为”。

与安全同行，是我们共同的愿望。希望这些有关安全生产领域的当下思考，能与大家思想碰撞，同频共振，为安全生产贡献力量。

安全是技术，安全是管理，现在安全学科可授工学和管理学学位，可做佐证。故本书既涉及安全技术，又涉及安全管理，算是一种大胆尝试。然而，由于安全生产是一项复杂的系统工程和作者自身的认知局限性，本书不能做到面面俱到，也不能深入细节，难免存在不妥、浅薄之见，诚请大家不吝赐教、指正。

与安全同行！

编著者

2023 年 5 月

目 录

contents

第一篇

安全形势

形势者，观过去，察现状，谋未来。惟有精准把握当下形势，总结过去种种经验与教训，看出未来发展之趋势，则看问题，想办法，干实处，才能有的放矢，事半功倍。安全之事，然也。

我们总是讲当前的安全生产形势依然严峻，这背后的理论逻辑和实践依据是什么？新时代安全生产的形与势究竟如何？用怎么样的方法能够为企业的安全生产形势精准把脉、靶向分析？我们从安全形势篇探索答案。

01 何为安全生产形势严峻？

人们常说“识时务者为俊杰”，说的是对时局、形势的精准把握，这句话出自《三国志·蜀志·诸葛亮传》，裴松之注引晋·习凿齿《襄阳记》：“儒生俗士，岂识时务？识时务者，在乎俊杰。此间自有卧龙、凤雏。”那么，要做好安全生产，也需要对当前及今后一段时间的安全生产形势有一个精准的把握，如此才能做好科学把握现状，谋划未来，做好安全。那么安全生产形势究竟如何？我们常常会看到或不自觉地写道“安全生产的形势依然严峻……”，这个结论从何得出？似乎我们信手拈来，大会小会，各种报告，都可以很自然地写上这么一句，若要深层次地去探究这句话背后的理论与实践依据，至少要解决以下两个问题：

第一问：如何表达或描述安全生产形势？

第二问：如何解释或阐释目前的安全生产形势依然严峻？

首先我们来解决第一问的问题。为了描述安全生产形势，需要建立起一套指标参数，形成描述安全生产形势的指标体系。安全生产的最终目标是零事故和零死亡，而现实生产过程往往小事不断，间或发生重特大事故，通过事故的起数和事故造成的死亡人数，能够很直观地理解，事故多了或死亡人数多了，安全生产形势就不好，事故少了或死亡人数少了，安全生产形势就好转，因此这两个要素自然而然地成为描述当前安全生产形势的最直接、最朴素的指标参数。按照《生产安全事故报告和调查处理条例》[国务院令　第 493 号（2007 年)]，以造成的人员伤亡或者直接经济损失为依据，事故又分成一般事故、较大事故、重大事故和特别重大事故。随着经济社会发展进步，安全生产形势不断趋势向好，在事故起数指标中又进行细分，原来只统计重特大事故起数，随着安全生产形势向好，发生重特大事故趋零，我们就拓展统计较大事故起数，不断丰富描述安全生产形势的指标参数。

在总维度上，事故总量、死亡人数以及分事故等级的事故起数是最基本的指标参数。在领域（行业）维度上，如在煤矿行业、交通行业以及一般工矿商贸行业，为了更客观精准地描述其行业安全生产形势，常常以煤矿百万吨死亡人数、道路交通事故万车死亡人数、十万人生产安全事故死亡人数来表达。在地区维度上，为了描述一个地区的安全生产形势，又引入了亿元地区生产总值生产安全事故死亡人数等参数来表达。在企业维度上，可以结合企业实际和特点，更加丰富相关指标参数，如不安全事件数、年度事故起数等。由此，我们可以根据需要，逐步建立并完善较为完整的描述安全生产形势的指标体系，如表1-1所示。

表1-1　　描述安全生产形势的指标体系

维度	总维度	地区	领域（行业）	企业
指标参数举例	（1）安全生产事故起数（事故总量）； （2）死亡人数； （3）重特大事故起数； （4）较大事故起数	亿元地区生产总值生产安全事故死亡人数	（1）十万人生产安全事故死亡人数； （2）煤矿百万吨死亡人数； （3）道路交通事故万车死亡人数	（1）年度事故起数； （2）伤亡人数； （3）损失工作日； （4）千人死亡率； （5）千人重伤率； （6）伤害频率； （7）伤害严重率； （8）不安全事件数

以全国为例，2021年全国工矿商贸企业就业人员十万人生产安全事故死亡人数1.374人，比上年上升5.6%；煤矿百万吨死亡人数0.045人，下降23.7%；道路交通事故万车死亡人数1.57人，下降5.4%。这里的工矿商贸企业指的是除非煤矿山、危险化学品、烟花爆竹外，包括机械、冶金、有色、建材、轻工、电子、纺织、烟草、食品、电力、电信、贸易等行业生产经营单位。工贸企业具体范围按照《应急管理部办公厅关于修订〈冶金有色建材机械轻工纺织烟草商贸行业安全监管分类标准（试行）〉的通知》（应急厅〔2019〕17号）的规定执行。

以电力行业为例，近年来电力行业安全生产事故起数和死亡人数变化情况如图1-1所示。由图1-1可以看出，每年事故起数三四十起、死亡人数四五十人，基本持平，如2022年全国发生电力人身伤亡事故25起、死亡35人，其中发生电力生产人身伤亡事故17起、死亡26人，发生电力建设人身伤亡事故8起、死亡9人。电力行业安全事故、安全隐患依然存在，电力生产事故多发易发的行业特征没有改变。

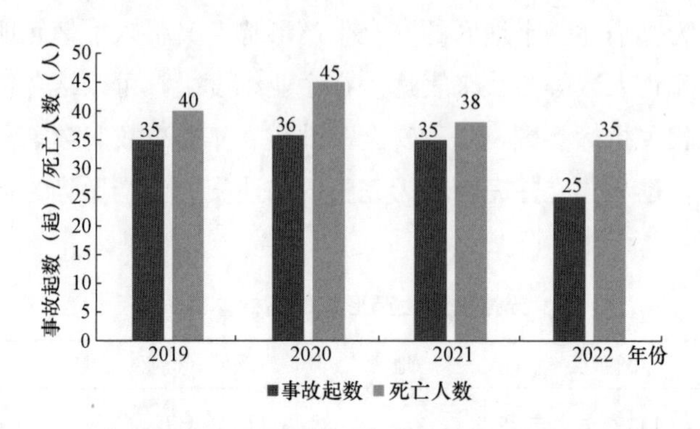

图1-1　近年来电力行业安全生产事故起数及死亡人数变化情况

以甘肃省为例，2021年，甘肃省全年共发生各类生产安全事故（总量或起数）681起，比上年下降5.29%；死亡585人，下降5.03%；受伤（人数）477人，下降12.32%；直接经济损失1.43亿元，下降6.43%。亿元地区生产总值生产安全事故死亡人数为0.057人，下降16.18%；工矿商贸企业就业人员十万人生产安全事故死亡人数2.67人，下降2.48%；煤矿百万吨死亡人数0.136人，下降34.30%；十二类营运车辆道路交通事故万车死亡人数10.007人，下降6.74%。

以上从全国、某领域、某区域等三个维度，以相关指标体系描述了该维度下的安全生产形势，同时也与往年的情况进行了对比，相对来讲，安全生产形势稳中有降，这里面说明了两个问题：一是通过相关指标参数描述了安全生产形势，这正是我们要解决的第一问；二是安全生产形势近期变化，有极个别指标反而上升，如全国2021年工矿商贸企业就业人员十万人生产安全事故死亡人数1.374人，比上年上升5.6%，但其他指标参数大体上稳中有降，这是否说明安全生产形势好转了，不能再简单地写“安全生产形势依然严峻”这样的结论呢？这就是我们要解决的第二个问题，如何解释或阐释目前的安全生产形势依然严峻？以全国煤矿百万吨死亡人数为例，2021年为0.045人，比上年下降了23.7%，再往前统计发现，近年来煤矿百万吨死亡人数一直保持下降趋势，每年都较上一年下降幅度超过10%，具体如图1-2所示。

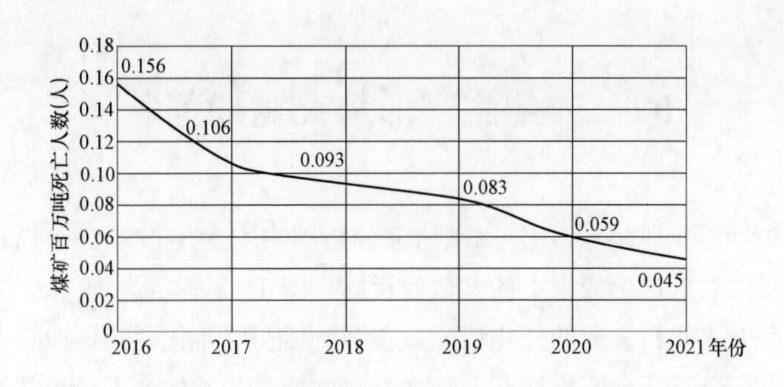

图 1-2 全国煤矿百万吨死亡人数变化曲线

这个有利的变化趋势得益于社会经济的发展、不断健全的法规体系、精准的监管执行，以及企业的责任落实，包括足够的安全投入、完善的基础管理和到位的应急救援等，同时也有科学技术水平和信息化建设的功劳。这些使得煤矿行业的安全生产形势大为改观，但为什么我们仍然说其安全生产形势依然严峻呢？其一，从理论层面上，煤矿百万吨死亡人数并未实现理想值（这个理想值我们希望是零），当然也与当时的社会经济条件有关，虽然趋势在下降，但没有到底，而且风险与隐患实时动态变化特征决定了安全生产事故反弹的压力仍在，这在理论层面上说明了安全生产的严峻形势是没有根本扭转的；其二，放在国际上去对比分析，与发达国家相比，我国煤炭安全生产保障程度仍处于较低水平。以美国为例，根据美国矿业安全与健康管理局的数据，2021 年美国因煤矿安全生产事故造成的死亡人数仅为 5 人，百万吨死亡率为 0.010 25，据说煤矿工业是美国安全状况最好的一个领域，甚至比零售业的事故率还低，这与我国当年的数据 0.045 相比，我国煤矿百万吨死亡人数高 4.39 倍，生产安全性亟待提高，这从另外一个角度直接说明了，煤矿安全生产形势尚未根本好转。2023 年 2 月某露天煤矿发生坍塌事故，煤矿倒塌瞬间，有 53 人没有来得及逃离，现场形成了南北宽约 200m、东西长约 500m、净高约 80m 的坍塌体，底部作业面全部覆盖，这再一次敲响警钟，安全生产形势不容乐观。

02 安全生产形势究竟如何?

以2002年为时间节点，分段来研究分析国内安全生产形势，描述安全生产形势以死亡人数这个最根本的参数为指标。图1-3所示为1990—2002年全国安全生产事故死亡人数的变化情况，在20世纪90年代，我国改革开放进一步深化，生产经营活动高度活跃，随之而来的就是各类生产安全事故高发，一次死亡30人及以上的特大事故层出不穷，2002年达到顶峰，全年发生各类事故107万起，死亡近14万人，相当于每天发生近3000起事故，死亡近400人。如此可怕的数字，频发、多发、易发的事故，给人民群众生命财产造成重大损失，给受害者本人和家庭造成重大损害，给经济社会发展造成恶劣影响。

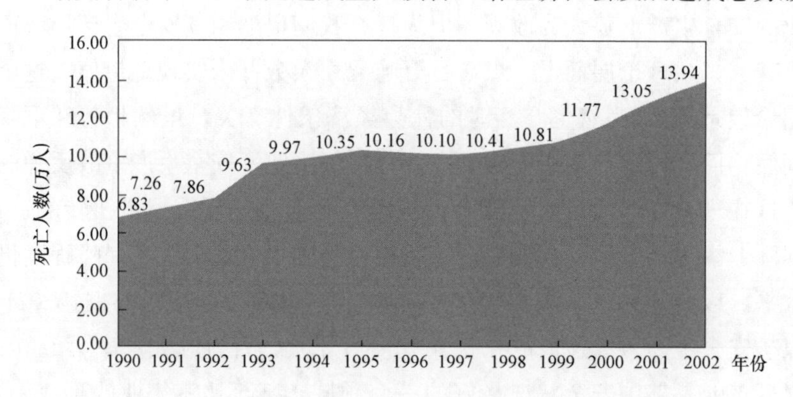

图1-3 1990—2002年全国安全生产事故死亡人数变化曲线

如何改变这种安全状况？从世界和历史的经验中得到启发，一个是立法，确保法的权威有效；另一个是监管，确保法的有效实施。

1. 建立法规制度

以《安全生产法》为例，2002年11月1日，具有中国特色的《中华人民共和国安全生产法》开始施行。此后经过三次修正，分别是2009年、2014年和2021年，几次修正，《安全生产法》这个安全生产领域的综合上位法不断完善健全，执法监管不断精准有效，其制修订发展过程包括：

（1）2002年6月29日，第九届全国人民代表大会常务委员会第二十八次会议通过，2002年11月1日实施。

（2）2009年8月27日，第十一届全国人民代表大会常务委员会第十次会议《关于修改部分法律的决定》第一次修正，2009年8月27日实施。

（3）2014年8月31日，第十二届全国人民代表大会常务委员会第十次会议《关于修改〈中华人民共和国安全生产法〉的决定》第二次修正，2014年12月1日实施。

（4）2021年6月10日，第十三届全国人民代表大会常务委员会第二十九次会议《关于修改〈中华人民共和国安全生产法〉的决定》第三次修正，2021年9月1日实施。

经过三次修订的安全生产法，各版次的章数、条数对比如表1-2所示。

表1-2　《安全生产法》概览

版次	章数	条数
2002版	7	97条
2009版	7	97条（仅对第九十四条修改）
2014版	7	114条
2021版	7	119条

良法是善治的基础，随着《安全生产法》的诞生，逐步构建起中国特色的法律法规体系，在最顶层的理论思想层面，有习近平总书记关于安全生产的重要论述，这是习近平新时代中国特色社会主义思想的重要组成部分；在政策方针方面，如2022年国务院安委会办公室实施了安全生产十五条硬措施；在法律法规体系方面，构建起以《安全生产法》为统领，各项法律法规、标准规范、企业规章制度等法规体系，图1-4列出了具有中国特色的安全生产法律法规体系总体架构。

2. 组建监管机构

监管机构的发展历程包括：

（1）2001年，国家成立国家安全生产监督局。

（2）2005年，升格为国家安全生产监督管理总局，是国务院主管安全生

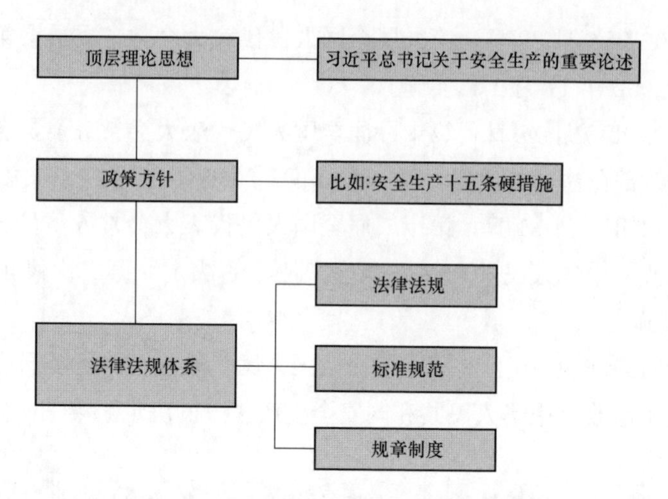

图 1-4 安全生产法律法规体系总体架构

产综合监督管理和煤矿安全监察的直属机构，国家安全生产监督管理局与国家煤矿安全监察局一个机构、两块牌子，涉及煤矿安全监察方面的工作，以国家煤矿安全监察局的名义实施。

(3) 2018 年 3 月，根据第十三届全国人民代表大会第一次会议批准的国务院机构改革方案，将国家安全生产监督管理总局的职业安全健康监督管理职责整合，组建中华人民共和国国家卫生健康委员会，将国家安全生产监督管理总局的职责整合，组建中华人民共和国应急管理部，不再保留国家安全生产监督管理总局。

随着 2002 年安全生产专门法的施行和国家安全生产监督机构独立行使监察职权，安全生产状况如何变化？图 1-5 给出了答案，说明了 2002 年以来到 2022 年全国安全生产事故死亡人数的变化情况。

由图 1-5 可知，2002 年后，我国安全生产事故起数和死亡人数不断在“双下降”。2022 年安全生产事故死亡人数总数为 2.01 万人，其上半年全国共发生各类生产安全事故 11 076 起，死亡 8870 人，而同期新冠肺炎确诊病例死亡人数 590 人，2022 年上半年生产安全事故死亡人数是其 15 倍之多，当前危及人们生命与健康安全的还是安全生产。

结合图 1-3 和图 1-5 不难发现，2002 年是我国安全生产情况的一个“分水岭”和“转折点”，得益于这一年《安全生产法》和前一年安全生产监督管

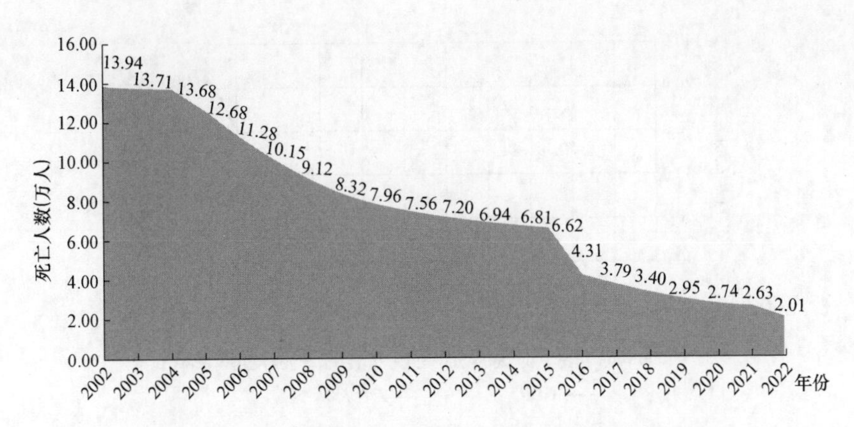

图 1-5　2002—2022 年安全生产事故死亡人数变化曲线

理机构的诞生。这一点也可以从美国煤矿工业得到佐证，煤矿工业在美国各行业的安全状况属于先进行列，一方面得益于 1969 年产生的《联邦煤矿健康和安全法》，该法开宗明义，国会谨此宣告："煤矿业和其他矿业的优先考虑和第一要务必须是矿工的生命安全和健康，矿工是最为珍贵的资源。"1973 年美国劳工部的矿山安全与健康管理局（MSHA）成立，致力于防止采矿造成的死亡、疾病和伤害，并为美国矿工提供安全健康的工作场所。更早时候，从 19 世纪中叶开始，英国作为老牌发达国家，每隔 10 年就有关于煤矿安全的法律颁布实施，比如 1974—1975 年，分 3 批颁布了《劳动安全卫生法》，成为各国借鉴的典范。

2002 年是我国安全生产形势的拐点，这已得到历史和实践的检验。美国著名经济学家库兹涅茨于 1955 年所提出来的收入分配状况随经济发展过程而变化的曲线，是发展经济学中重要的概念，又称倒 U 曲线。其实，安全生产、环境保护与经济发展的关系也遵循这一曲线。据报道，我国生态环境状况从 2014 年人均 GDP 为 7626 美元，开始进入好转阶段，污染防治各项指标同比大幅下降，环境状况得到明显改善。安全生产与生态环境保护相比，形势向好的转折点要早很多年，即在 2002 年人均 GDP 为 1135 美元，已开始扭转安全生产形势，如图 1-6 所示，统计了 1990—2022 年国家 GDP 与安全生产事故死亡人数的变化，呈现出典型的库兹涅茨曲线关系。

与国际发达国家对比，我国安全生产形势的这个拐点还是晚到了几十年，

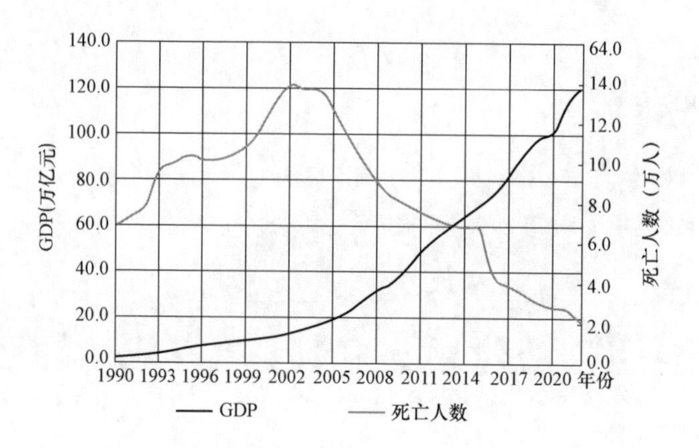

图 1-6　1990—2020 年国家 GDP 与安全生产事故死亡人数曲线关系

比如英国的拐点是 1910 年左右，美国的拐点在 1915 年左右，日本的拐点则在 1965 年左右。安全生产形势经过拐点历经二十余年，我国安全生产进入了爬坡过坎期，事故总量高、重特大事故多发局面尚未根本扭转。据统计，前 10 年每年发生重特大事故 60 起以上，近 5 年每年平均约 15 起，2022 年重特大事故起数 11 起，为历史最低水平；在过去的三年里，我国创造了从 2019 年 10 月开始，历经 2020 年和 2021 年两个全年，直到 2022 年 3 月，新中国成立以来连续 29 个月无特别重大事故的历史最长间隔期。但这一纪录在 2022 年发生“3・21”航空器特别重大事故画上句号，随后发生了湖南长沙“4・29”特别重大楼房倒塌事故，河南安阳“11・21”特大火灾事故等三起特别重大事故，因此重特大事故易发频发局面仍然存在。我国高危行业数量多，比如化工产业产值占世界 40%，煤矿 4400 多座，年产煤 45 亿 t，燃气管网超过 100 万 km，而且随着工业化、城镇化快速发展，我国安全生产出现了运行高速度、人财高密度、设备大型化、工艺复杂化的新时代特征，安全生产须臾不可放松。

总体来讲，在新的历史方位中，从历史发展角度看，多年来生产安全事故总量和死亡人数连续实现“双下降”，安全生产总体趋势处于稳定向好期；从经济发展角度看，传统存量风险仍在，新兴业态带来的增量风险并存，安全生产处于新旧风险交织期；从社会发展角度看，“人民至上，生命至上”的理念已经深入人心，人民安全感的获得已经成为美好生活必要组成部分，全社会上下对安全生产高度重视，安全生产已经成为总体国家安全观的重要组成部分，比如《中共中央 国务院关于推进安全生产领域改革发展的意见》是新中国成立以来第一个以党中央、国务院名义出台的安全生产工作的纲领性文件，对推动我国安全生产工作具有里程碑式的重大意义，中共中央办公厅、国务院办公厅 2018 年 4 月印发《地方党政领导干部安全生产责任制规定》，对县级以上地方各级党委和政府领导班子成员的安全生产职责、考核考察、表彰奖励、责任追究进行明确具体规定，这是我国安全生产领域第一部党内法规，国家层面将安全放在发展同样重要的位置，统筹发展与安全两件大事，安全生产处于大有可为的战略机遇期。

03 企业安全生产形势 SWOT 分析

国际国内的安全生产形势可称为安全生产的“大势”。这些“大势”落到社会的各个组织单元，比如一个企业，又是如何呈现？我们开始探讨一个企业的安全生产形势。

整部《安全生产法》能否真正落地，在于生产经营单位能否真正落实责任。安全生产千万条，落实责任第一条。企业落实责任前，当然要全方位了解掌握企业面临的安全生产形势。如何精准科学把握企业的安全生产形势？引入 SWOT 分析是一项很好的尝试。

什么是 SWOT 分析？

S 是 Strengths 的首字母，译为优势；

W 是 Weaknesses 的首字母，译为劣势；

O 是 Opportunities 的首字母，译为机会；

T 是 Threats 的首字母，译为威胁。

其中，SW 针对企业内部而言优势和劣势，而 OT 针对外部市场而言机会和威胁。所谓 SWOT 分析，如图 1 - 7 所示，在横坐标上列出内部的优势、劣势，在纵坐标上列出外部的机会、威胁，即基于内外部竞争环境和竞争条件下的态势分析，就是将与研究对象密切相关的各种主要内部优势、劣势和外部的机会和威胁等，通过调查列举出来，并依照矩阵形式排列，然后用系统分析的思想，把各种因素相互匹配起来加以分析，从中得出一系列相应的结论，而结论通常带有一定的决策性。运用这种方法，可以对研究对象所处的情景进行全面、系统、准确的研究，从而根据研究结果制定相应的发展战略、计划以及对策等。

SWOT 法广泛应用于企业战略研究与竞争分析，具有分析直观、使用简单的特点。SWOT 分析三个步骤：分析环境因素、构造 SWOT 矩阵、制定行动计划。将 SWOT 分析方法移植到安全生产形势分析，就是寻找企业内部的强项和弱项，获得能够做的安全资源，同时寻找外部环境的机会和威胁，获得可能做的外部环境，并将两者有机结合起来。因此，SWOT 方法的优点在于

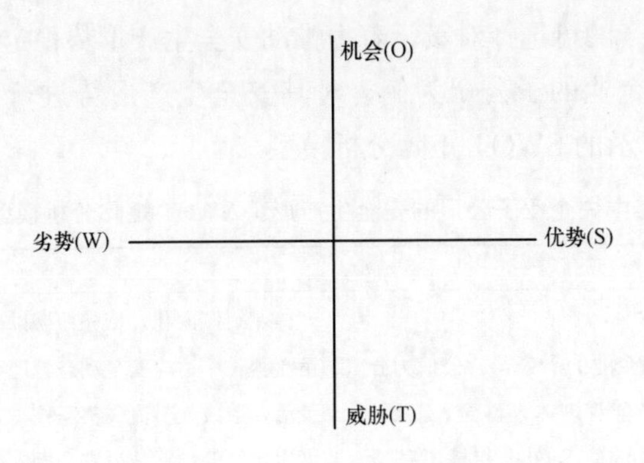

图 1-7　SWOT 分析图

考虑问题全面，是一种系统思维，而且可以把对问题的“诊断”和“开处方”紧密结合在一起，条理清楚，便于检验。

1. 分析内外部因素，认清安全形势

运用各种调查研究方法，分析出企业所处的各种内外部因素，即外部环境因素和内部能力因素，认清企业安全生产形势。外部环境因素包括机会因素和威胁因素，它们是外部环境对企业的安全生产直接有影响的有利和不利因素，属于客观因素，内部环境因素包括组织内部的优势因素和弱势因素，它们是企业安全生产存在的积极和消极因素，属于主观因素，在调查分析这些因素时，不仅要考虑历史与现状，而且更要考虑未来发展问题。

2. 构造 SWOT 矩阵，分析安全形势

将调查得出的各种因素根据轻重缓急或影响程度等排序方式，构造 SWOT 矩阵。在此过程中，将那些对企业安全生产有直接的、重要的、大量的、迫切的、久远的影响因素优先排列出来，而将那些间接的、次要的、少许的、不急的、短暂的影响因素排列在后面，分析出企业当前面临的各种有利和不利的安全形势。

3. 制定行动计划，扭转安全形势

在完成内外部因素分析和 SWOT 矩阵的构造后，便可以制定出相应的行动计划。制定计划的基本思路是发挥优势因素，克服弱势因素，利用机会因素，化解威胁因素；考虑过去，立足当前，着眼未来。运用系统分析的综合分析方法，将排列与考虑的各种内外部因素相互匹配起来加以组合，得出一系列

促进企业安全生产的可选择对策，着力推动安全生产形势稳定向好。

以一个中央企业的子公司为例，对其安全生产形势进行 SWOT 分析后，得出如表 1 - 3 所示的 SWOT 矩阵分析模型。

表 1 - 3　　某中央企业子公司的安全生产形势 SWOT 矩阵分析模型

	优势	劣势
内部因素	作为中央企业的子公司，公信力强，各级单位安全管理体系健全，已经形成具有特色的安全文化和核心理念，企业主要负责人高度重视安全生产工作，企业资金雄厚，足额提取安全生产费用，保证安全投入，社会资源较丰富，积极培养专业安全管理团队	体制机制固化，依赖照搬以前安全管理经验，决策流程长不适应安全动态管理特征，外部市场环境灵活，造成人员流失甚至核心人才流失，为完成年度生产经营指标减少安全投入，信息化建设与生产不适应，主要负责人安全工作参与度不高，企业层级多，分子公司涵盖地域广，安全管控跨度大，新建、改建、扩建等基建工程安全管理难度大，安全管理与质量、进度、效益等难以平衡，新老员工仍存在侥幸心理，整体安全素质不足
	机会	威胁
外部因素	国家高度重视安全生产工作，出台政策，统筹发展与安全两件大事，法律法规更加完善健全，执行更加严格规范，社会各界对安全重视程度高，新型安全科学技术不断推广应用，比如数字化建设、本质安全设计、视频监控与主动干预等，社会资本加大对安全技术研发与示范应用投入，高等院校及科研院所加强安全技术研究与成果产出	企业存量风险客观存在，新兴业态或业务的增量风险叠加影响，社会对安全生产事故容忍度趋零，新法规、新政策、新标准、新运动、新要求不断提高安全生产工作要求，能源结构改革，相关方等外协质量不足，安全责任落实不到位

基于上述的 SWOT 分析模型，较全面和系统地分析企业当前的安全生产形势，掌握组织内部的优势和劣势，以及外部环境的机会和威胁，从而制定有针对性的安全对策，充分利用组织内部优势，如健全完善安全管理体系；不断改进组织内部劣势，如加强教育培训，提升员工安全素质；同时，进一步转化外部机会为安全治理效能，如积极引进吸收应用本质安全技术；克服外部威胁，如加强相关方管理，落实安全生产责任制等。通过这些有效举措直面问题，精准治理，持续夯实企业的安全生产基础。

第二篇

安全之道

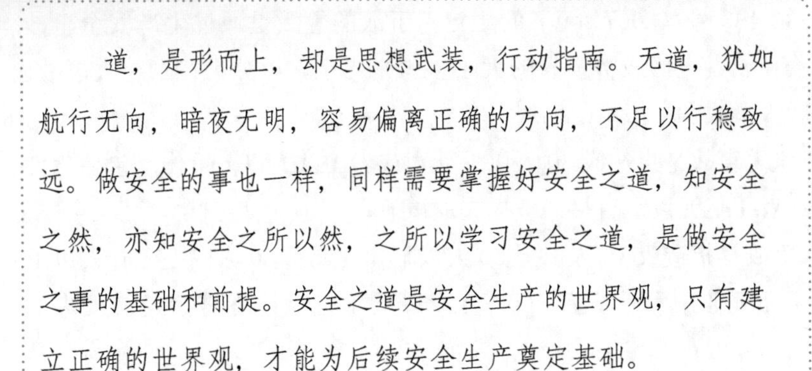

道，是形而上，却是思想武装，行动指南。无道，犹如航行无向，暗夜无明，容易偏离正确的方向，不足以行稳致远。做安全的事也一样，同样需要掌握好安全之道，知安全之然，亦知安全之所以然，之所以学习安全之道，是做安全之事的基础和前提。安全之道是安全生产的世界观，只有建立正确的世界观，才能为后续安全生产奠定基础。

安全之道是什么？新时代的安全之道是什么？探究安全的本质，就是构建起坚强的措施屏障，与一切安全风险作斗争，并取得胜利。新时代的历史条件下，安全生产的指导思想与法治思想，可谓安全生产之道，是根本遵循。

04 风 险 思 维

我们经常讲管安全，那么管的“安全”到底是什么？

安全的最早定义来自《周易》之《易传》，即“无危则安，无损则全”。按照这个定义，管“安全”就是消除导致死亡、伤害、职业危害及各种财产损失发生的条件，做出一切努力，维持这种无危无损的安全状况。那么，这些努力的真正管理对象应该是“安全”的相对面，是造成危险和损害的源头。

这个源头是什么？是事故？是隐患？是风险？这三种回答也是安全管理的一部发展史。

事故是指可能造成人员死亡、伤害、职业病、财产损失或其他损失的意外事件，其他损失中也包括环境污染、破坏等更广义的损失。

(1) 针对所有安全生产事故，按照《生产安全事故报告和调查处理条例》[国务院令　第493号(2007年)] 的规定，事故的等级是通过生产安全事故造成的人员伤亡或者直接经济损失的大小多少来界定，可分为特别重大事故、重大事故、较大事故和一般事故四级，其中：

1) 特别重大事故是指造成30人以上死亡或者100人以上重伤（包括急性工业中毒）或者1亿元以上直接经济损失的事故；

2) 重大事故是指造成10人以上30人以下死亡或者50人以上100人以下重伤（包括急性工业中毒）或者5000万元以上1亿元以下直接经济损失的事故；

3) 较大事故是指造成3人以上10人以下死亡或者10人以上50人以下重伤（包括急性工业中毒）或者1000万元以上5000万元以下直接经济损失的事故；

4) 一般事故是指造成3人以下死亡或者10人以下重伤（包括急性工业中毒）或者1000万元以下直接经济损失的事故。

(2) 按照《企业职工伤亡事故分类》(GB 6441—1986)，伤害分为轻伤、重伤和死亡，其中：

1）轻伤指损失工作日为1个工作日及以上、105个工作日以下的失能伤害；

2）重伤指损失工作日为105工作日及以上、6000个工作日以下的失能伤害；

3）死亡指损失工作日为6000工作日及以上的失能伤害。

（3）通用的事故类型分为二十大类，分别是物体打击、车辆伤害、机械伤害、起重伤害、触电、淹溺、灼烫、火灾、高处坠落、坍塌、冒顶片帮、透水、放炮（爆破）、火药爆炸、瓦斯爆炸、锅炉爆炸、容器爆炸、其他爆炸、中毒和窒息、其他伤害。

当社会经济落后时，管安全是一种被动状态，更多停留在处理事故上，往往被迫接受生产安全事故带来的伤害，只能事后做一些减损和补偿，显然这种安全管理是过时的，是不满足社会发展需要的。

随着经济社会发展和科学技术水平不断进步，安全管理更加科学有效，关口不断前移，持续注重隐患排查和治理。什么是隐患？简单地讲，一切物的不安全状态、人的不安全行为和管理上的缺陷都是隐患。隐患可分为一般事故隐患和重大事故隐患，一般事故隐患危害和整改难度较小，发现后能够立即整改排除，而重大事故隐患危害和整改难度较大，应当全部或局部停产停业，并经过一段时间整改治理才能排除。通过排查和治理隐患，让安全生产事故消除在萌芽状态。

当事故隐患集聚交叉或质变，突破屏障，就会引发大大小小的安全生产事故，造成人员伤亡、伤害、职业病、财产损失或其他损失，最好的理想状态是连隐患都没有，那么如何能实现不出现隐患？这就是管控风险。

当管理“安全”的关口进一步前移，便回归到安全管理的本质，即风险管理。什么是风险？按照系统安全理论，没有任何一种事物是绝对安全的，任何事物中都潜伏着危险因素，即风险。风险是危险、危害事故发生的可能性与危险、危害事故所造成损失的严重程度的综合度量。当管安全更多关注管“隐患”时，能够使“综合治理”有效落地；当管安全更多关注管“风险”时，更加促进“预防为主”落地，从而实现“安全第一”。

所谓风险，就是存在导致不期望后果的可能性超过了人们的承受程度，包括危险环境、危险条件、危险状态、危险物质、危险场所、危险人员、危险因素等。对企业安全生产的日常管理而言，可分为人、机、环境、管理等四类风险。风险一般用风险度来表示风险（危险）的程度。在安全生产管理中，风险度可用生产系统中事故发生的可能性与严重性来计算，即

$$R = f(P,C)$$

式中 R——风险度；

P——发生事故的可能性；

C——发生事故的严重性。

通过风险的定义可以看出，风险是由两个因素共同作用组合而成的，一是该危险发生的可能性，即危险概率；二是该危险事件发生后所产生的后果。

以上风险度的定义是以某种特定危险为条件。广义上的风险，还需明确到底是哪种危险造成的，可以通过下式来表示，即

$$R = f(H,P,L)$$

式中 H——Hazard 危险；

P——危险发生的可能性（Probability）；

L——危险发生导致的损失（Loss）。

广义上的风险如图 2-1 所示。

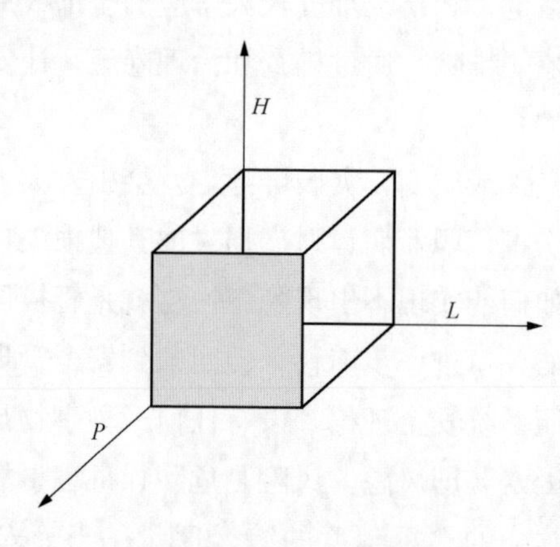

图 2-1 广义上的风险

当 H 和 P 存在，暂未造成损失（$L=0$），即构成事故隐患。当我们只关

注造成损失大小时，这种不确定的损失值是一种狭义的风险，即

$$R = f(L)$$

风险源是可能造成人员伤害和疾病、财产损失、作业环境破坏或其他损失的根源或状态。根据风险源在事故发生、发展中的作用，一般可划分为第一类风险源和第二类风险源。

第一类风险源是指生产过程中存在的、可能发生意外释放的能量，包括生产过程中各种能量源、能量载体或危险物质。

第二类风险源是指导致能量或危险物质约束或限制措施破坏或失效的各种因素，包括物的故障、人的失误、环境不良或管理缺陷等。

从定义可以看出，第一类风险源决定了事故后果的严重程度，它具有的能量越多，发生事故后果越严重；第二类风险源决定了事故发生的可能性，它出现越频繁，发生事故的可能性越大。对企业的安全生产工作而言，第一类危险源在规划设计和工程建设阶段，应严格执行安全设施“三同时”的相关规定，即安全生产设施必须与主体工程同时设计、同时施工、同时投入生产与使用；进入生产运营阶段，第一类风险源客观上已经存在并在设计和建设阶段已经采取了必要的控制措施，企业的安全工作重点是第二类风险源的控制问题。

管安全，管隐患，也管风险，但归根结底是管风险，风险是绝对的，“想不到、管不住”的时候，隐患就出现了，所以隐患是相对的，但必须采取一切措施消除隐患，这是一种绝对选择，使得风险可控在控，实现安全。

05 屏 障 思 维

有了风险，管住风险，才能安全。如何管住风险？这就需要建立起屏障，包括硬屏障和软屏障，从风险到隐患直至事故的这一条路线上层层设卡，设置足够的软硬屏障，通过物理手段和管理手段，不至于风险失控，酿成安全事故，这就是屏障思维。为了有效设置屏障，有必要深入研究事故致因理论，只有掌握了事故发生发展的全过程，才能有的放矢，在关键节点上设置足够的屏障，管控风险，防止事故。安全工作的目标就是控制危险源，努力把事故发生概率降到最低，万一发生事故，把伤害和损失控制在最低限度上。

随着安全科学技术的发展，诞生了许多事故致因理论，比如事故因果理论、事故频发理论、博德事故因果连锁理论、海因里希事故因果连锁理论、能量意外释放理论、轨迹交叉理论、多米诺骨牌理论、瑞士奶酪模型、系统安全理论等。任何安全事故，都可以溯源。下面说明几种典型的事故致因理论。

1. 事故因果理论（连锁型、多因致果型、复合型）

凡事有因必有果，有果必有因，基于这样的朴素认知，诞生了事故致因理论，包括连锁型、多因致果型、复合型。

如图 2-2 所示，即为简单的连锁型事故致因理论，有且只有一个因导致一个果，前一个果成为后一个事件或事故的唯一原因。

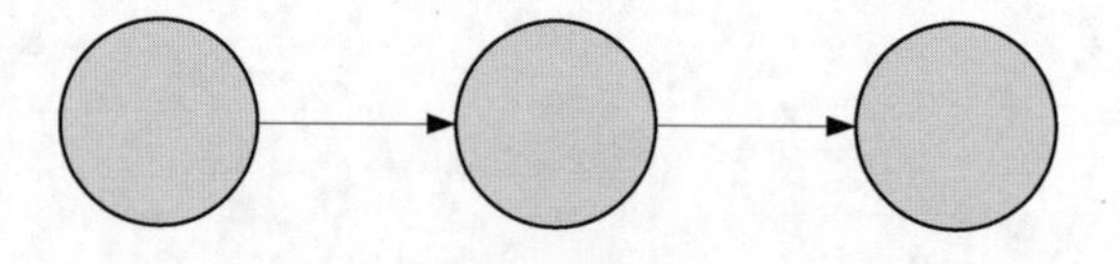

图 2-2 连锁型事故因果模型

图 2-3 表示多因致果型事故致因模型，即一个果是由两个及以上的原因造成，是多种原因共同作用的结果。

复合型事故致因理论，顾名思义，就是既有连锁型，又有多因致果型，是它们各种不同的组合，如图 2-4 所示，某个果只由一个因造成，另一个果则由两个及以上因造成。

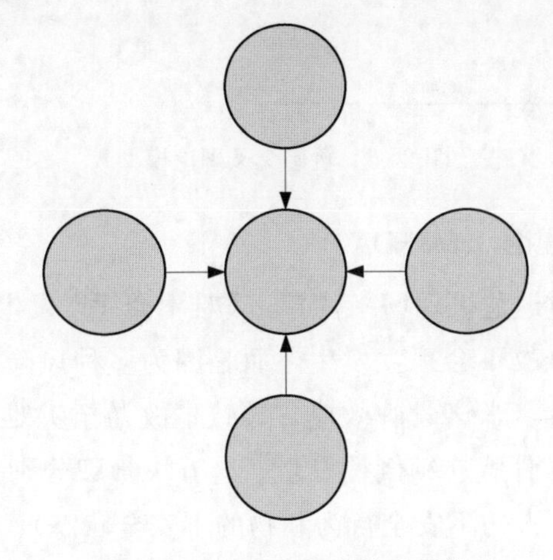

图 2-3　多因致果型事故致因模型

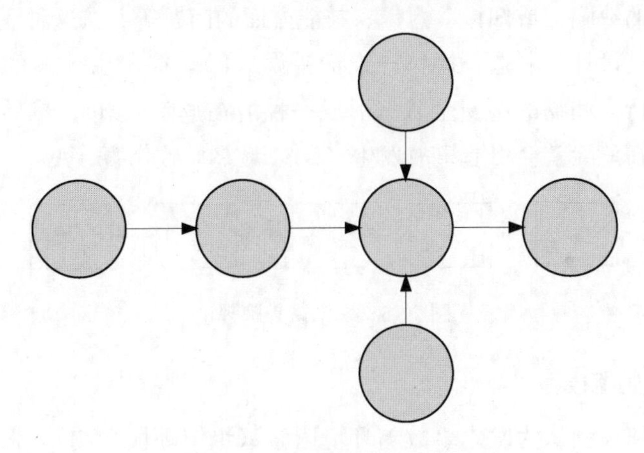

图 2-4　复合型事故致因模型

2. 轨迹交叉理论

该理论认为，人的行为和物的状态在安全状况下是两条平行的线，如图 2-5 所示，事故发生在人的因素运动轨迹与物的因素运动轨迹的交点，即此时人的不安全行为与物的不安全状态发生于同一时间、同一地点，发生了时空交集，因而导致事故发生。

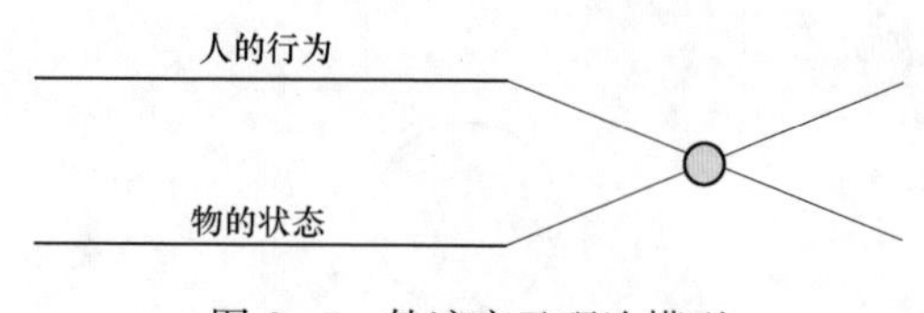

图 2-5　轨迹交叉理论模型

3. 多米诺骨牌理论（MPHDA）

电视纪录片《重返危机现场》写道，灾难不会凭空发生，它是一连串关键事件的连锁反应。事故不会孤立发生，而是因为多种风险因素存在于同一时间、同一空间，发生多米诺骨牌效应，导致事故乃至灾难。如图 2-6 所示，事故是由五块多米诺骨牌连锁倒塌发生，这五块骨牌分别是 M（人体本身）、P（人为过失）、H（人的不安全行为和物的不安全状态）、D（发生事故）、A（受到伤害）。该理论认为，事故发生的最初原因是人的本身素质（M），即生理、心理上的缺陷，或知识、意识、技能方面的问题等，按这种人的意志进行动作，即出现设计、制造、操作、维护错误（P），接着由个人的动作引起的人的不安全行为和物的不安全状态形成一种潜在危险（H），然后在一定条件下，这种潜在危险就会引起事故发生（D），最终导致伤害（A）。

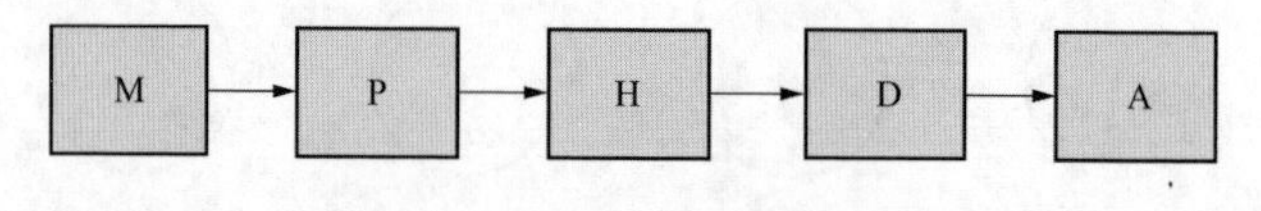

图 2-6　多米诺骨牌理论

4. 瑞士奶酪模型

瑞士奶酪模型认为发生事故与环境因素（组织环境影响）、管理因素（不安全监督）、安全隐患（不安全行为前兆）、不安全行为四个层面的因素相关。每一个层面代表一种防御体系，层面上的空洞代表防御体系中存在的漏洞，危险就像一束光，同时穿过四层防护体系将发生事故。

5. 系统安全理论

系统安全理论考虑了人、物、环境等综合因素，认为不可能根除一切危险源和危险，一方面由于人的认识能力有限，不能完全认识危险源和危险，另一方面随着新技术、新工艺、新材料和新能源的发展，又会不断产生新的危险源，因此，应减少总的危险性，而不是只消除几种选定的危险。系统安全理论改变了人们只重视操作人员的不安全行为而忽略硬件的故障在事故致因中作用的传统观念，开始考虑如何通过改善物的系统的可靠性来提高复杂系统的安全性，从而避免事故。

为什么没有管住风险而发生事故？因为风险突破了层层屏障，包括硬屏障和软屏障。

硬屏障是一种物理屏障，主要体现在安全设施和应急救援装备上，看得见，摸得着，通过规划设计、安装调试、运行维护，如基建工程的“三同时”设计，安全设施日常检查维护，特种设备检测监测，主要是物理手段和技术措施。以某一个顶级事件为核心，通过事故树分析方法，向前分析导致其发生的可能原因，辨识风险，分析风险，评估风险，全面了解风险系统，有针对性设置风险管控硬屏障，如设置安全设施，防止发生事故；通过事件树分析，向后分析顶级事件发生后可能的后续事件，再针对性地设置屏障进行应急处置，如设置应急救援装备物资，采取一切屏障，减少事故损失。

软屏障更多地针对检维修作业活动，更多地体现在制度建设、作业方案、现场监护和持续改进，主要是管理手段和组织措施。安全管理尤其不能忽视软屏障的作用。以制度建设为例，减少和控制风险，控制和消除隐患，减弱和预防事故，保障企业安全生产，保护从业人员安全与健康，建立健全并严格执行安全生产规章制度是关键，也是经过实践检验、行之有效的途径。

安全制度的核心在于安全生产责任制，也是安全生产工作的“牛鼻子”，通过建立和履行各岗位安全生产职责，在各自职权范围内，把安全生产要求落实到决策、执行、管理、监督等各个层面，以及生产经营、规划发展等各个环节，构建横向到边、纵向到底的全员、全过程、全方位的安全生产责任体系，这是软屏障的重要组成部分。主要制度体系包括：

（1）综合安全管理制度，至少包括安全生产管理目标、指标和总体原则、安全生产责任制、安全管理定期例行工作制度、承包与发包工程安全管理制度、安全设施和费用管理制度、重大危险源管理制度、危险物品使用管理制度、消防安全管理制度、隐患排查和治理制度、事故调查报告处理制度、应急管理制度、安全奖惩制度、交通安全管理制度、防灾减灾管理制度等。

（2）设备设施安全管理制度，至少包括安全设施“三同时”制度、定期巡视检查制度、定期维护检修制度、定期检测检验制度、安全操作规程等。

（3）人员安全管理制度，至少包括安全教育培训制度、劳动防护用品发放使用和管理制度、安全工器具的使用管理制度、特种作业及特殊危险作业管理制度、岗位安全规范、职业健康检查制度、现场作业安全管理制度等。

（4）作业环境管理制度，至少包括安全标志管理制度、作业环境管理制度和职业卫生管理制度等。

所有这些安全生产规章制度建设的核心就是为了辨识与控制危险、有害因素，将风险关进屏障笼子。按照起草、会签或公开征求意见、审核、签发、发布、培训、反馈、持续改进的程序，不断完善健全安全制度，建立起有效的软屏障，为安全生产工作奠定基础。

当然，制度的生命力在于执行，习近平总书记指出，“有了好的制度如果不抓落实，只是写在纸上、贴在墙上、锁在抽屉里，制度就会成为稻草人、纸老虎”。一分部署，九分落实，有了科学精准的安全制度，更应全面落实安全制度，才真正体现制度的价值，硬软屏障才能发挥效能。

06 指 导 思 想

思想引领行动。安全生产的思想引领安全生产的行动。习近平总书记关于安全生产的重要论述，是做好安全生产工作的根本遵循。

党的十八大以来，以习近平同志为核心的党中央对安全生产工作高度重视，把安全生产摆在国家发展全局的重要位置进行全面谋划和系统部署。习近平总书记高瞻远瞩、审时度势，多次主持召开安全生产专题会议，对做好安全生产工作作出重要指示，提出了一系列新思想、新观点、新论断，引领推动我国安全生产事业取得历史性成就、发生历史性变革。习近平总书记关于安全生产的重要指示批示，思想深邃、立意高远、内涵丰富、理论深刻，是习近平新时代中国特色社会主义思想的重要组成部分，这些重要指示批示充分揭示了现阶段我国安全生产的规律特点，体现了深远的战略眼光，为当前和今后一段时期安全生产工作指明了方向，提供了根本遵循，需要深入学习领会，切实增强做好安全生产工作的责任感、使命感和紧迫感。

习近平总书记关于安全生产的重要论述是在中国特色社会主义进入新时代的新的历史方位中，发展、丰富并不断完善国家安全生产工作理念，对安全生产工作的指导思想、基本原则、制度措施等作出新的重大部署，明确提出安全生产工作坚持中国共产党的领导，坚持以人为本，坚持人民至上、生命至上，坚持把保护人民生命安全摆在首位，坚持树牢安全发展理念，全面提高安全保障能力。这些要点系统回答了安全生产理论与实践的重大问题，是运用马克思主义世界观、方法论对我国安全生产理论和实践的创新发展，体现了习近平总书记强烈的政治责任感，博大的为民情怀和坚定的历史担当，彰显了解决突出问题的政治远见和领导水平。

2013 年 6 月，习近平总书记在国外访问期间就当时国内一些地区频发重特大事故作出重要指示，要始终把人民生命安全放在首位，以对党和人民高度负责的精神，完善制度、强化责任、加强管理、严格监管，把安全生产责任制落到实处，切实防范重特大安全生产事故的发生。“人命关天，发展决不能以牺牲人的生命为代价。这必须作为一条不可逾越的红线”，这是习近平总书记的红线意识。红线意识就是“以人民中心”的具体体现，就是坚持“人民至上、生命至上”的底线，这与我们党的根本宗旨和初心使命是高度契合的。我们党从立党之初就把“为中国人民谋幸福、为中华民族谋复兴”确立为自己的初心使命，全心全意为人民服务。没有安全，哪有幸福？以人为本，就是要以人的生命和健康为本。美好幸福生活的基础是安全生产。2016年7月，习近平总书记对加强安全生产和汛期安全防范工作作出重要指示强调，“安全生产是民生大事，要站在人民群众的角度想问题，守土有责，让人民群众安心放心”，因此，从党的宗旨和初心使命来领会习近平总书记关于安全生产的重要指示批示，就是始终把安全生产放在重中之重的位置，绝不能以牺牲人的生命为发展的代价，充分体现了对人的尊重和对生命的敬畏，诠释了以人民为中心的根本立场，是我们党的根本宗旨和初心使命的本质所在。

新中国成立以来，我国的安全生产工作走过了一段曲折的道路，安全生产事故死亡人数经历了由低到高、保持高位、再到平稳下降的发展过程，安全生产理念也由最初的“重生产，轻安全”逐步转向“安全与经济协调发展”。1950年，国务院主持专门会议讨论当时河南宜洛特大瓦斯爆炸事故的处理，对犯有严重官僚主义、盲目发动生产工作、不顾矿工安全的企业主要负责人予以撤职查办，十几名事故主要责任人被送往司法机关依法追究刑事责任。20世纪90年代随着我国改革开放进一步深化，生产经营活动高度活跃，随之而来的就是各类生产安全事故高发；2002年以后，我国安全生产形势得到扭转，生产事故起数和死亡人数不断在“双下降”。2022年全年全国各类生产安全事故共死亡2.01万人，较2002年下降85.6%，这个成绩是十分惊人的。但我们仍要清醒地认识到，我国安全基础薄弱，高危行业多，安全生产形势尚未根本扭转。习近平总书记深刻总结了新中国成立以来安全生产工作重大成效和经验，准确把握我国安全生产现状，提出我国安全生产总的形势仍然处于一种脆弱期、爬坡期、过坎期，科学分析和把握我们现阶段的安全生产规律特点，深刻认识安全生产对实现人民美好生活向往和经济高质量发展的必要性和重要性，针对制约安全生产的深层次问题提出了一系列标本兼治的思路，形成了习近平总书记关于安全生产的重要论述。

习近平总书记关于安全生产重要论述主要内涵具体体现在构建安全生产保障体系，这是系统学习贯彻的主要抓手，包括安全生产责任体系、安全生产法治体系、双重预防机制体系和应急救援体系。安全生产责任体系是基础，从政府到企业都要落实责任，善于发现问题，及时解决问题，采取有力措施；安全生产法治体系是保障，强化依法治理，用法治思维和法治手段解决安全生产问题，严肃事故调查处理和责任追究；双重预防机制体系是方法，2016 年 1 月，习近平总书记在中共中央政治局常委会会议上部署安排全国安全生产工作，指出“必须坚决遏制重特大事故频发势头，对易发重特大事故的行业领域采取风险分级管控、隐患排查治理双重预防性工作机制”，强化风险管理，推动关口前移，注重源头治理，从管事故到管风险转化，推进事故预防工作科学化、信息化、标准化；应急救援体系是防线，2018 年 3 月，国务院机构改革，设立应急管理部，取消原安全生产监督管理总局，组建国家综合性消防救援队伍，更加强化处突力量建设，提高应急处置能力，形成了集预案、体制、机制、法制于一体的“一案三制”应急救援体系。2013 年 11 月，山东省青岛市发生“11・22”中石化东黄输油管道泄漏爆炸特别重大事故，习近平总书记在青岛事故现场指导过程中强调，安全生产必须警钟长鸣、常抓不懈，丝毫放松不得，要做到“一厂出事故、万厂受教育，一地有隐患、全国受警示”，必须建立健全安全生产责任体系，强化企业主体责任，深化安全生产大检查，认真吸取教训，注重举一反三，全面加强安全生产工作。关于双重预防机制等重要内容都已写入新《安全生产法》，转化为法律法规，确保落地见效。

我国经济已经由高速增长步入高质量发展阶段，高质量的发展需要有一个安全稳定的环境。安全生产作为保障人民群众生命财产安全、营造安全稳定环境的有力抓手，是实现高质量发展的必要条件。习近平总书记多次强调，统筹发展和安全两件大事是新时代我们党治国理政的一个重大原则。发展是第一要务，是解决我国一切问题的基础和关键。但安全问题是事关人类前途命运的重大问题。安全是发展的前提和保障。没有安全，一切都无从谈起。新形势下，我国工业化、城镇化快速发展，各种风险挑战明显增多，联动叠加效应明显增强，安全形势面临许多新问题新挑战，出现了运行高速度、人财高密度、设备大型化、工艺复杂化的新时代阶段特征。2016 年 11 月，习近平总书记对江西丰城发电厂“11·24”冷却塔施工平台坍塌特别重大事故作出重要指示，要求狠抓安全生产责任落实，切实堵塞安全漏洞，坚决杜绝与新发展理念不相适应的蛮干行为。立足新发展阶段，树立安全发展理念是贯彻新发展理念的必然要求，安全稳定更是构建新发展格局的基础所系。因此，从贯彻新发展理念构建新发展格局来领会，牢固树立安全发展理念是习近平总书记对做好安全生产工作的根本要求，这就要求在安全生产中，始终把安全作为前置条件，贯穿到各个环节，切实把发展建立在安全的基础之上，发展是安全的基础，安全是发展的条件，统筹安全与发展，加强安全生产工作，促进经济社会持续健康发展。

随着全球化进程的加快，生产力的发展取得了革命性突破，与此同时，劳动者的作业环境、劳动工具和劳动方式相应也发生了巨大变化，这种变化既带来了劳动生产率的大幅增长，也使劳动者在生产过程中的安全与健康面临更多、更大的威胁，安全生产问题引起世界各国的高度关注。国际劳工组织致力于创造一种安全和有益于健康的工作环境，认为监察是人类实施行为管理和控制的重要手段，事故预防以及安全卫生规程的有效实施，在很大程度上取决于是否建立职业安全卫生监察机构以及该机构的工作成效；日本特别强调安全生产监督管理集中、统一、高效，完善法规，注重服务。加快安全监管方面改革创新正是习近平总书记关于安全生产重要论述的重要组成部分，加大安全生产指标考核权重，实现安全生产和重大事故风险“一票否决”。德国注重职业安全卫生管理体系的构建及施行，各级领导明确在职业安全卫生管理中各自的主要职责，并对职业安全卫生措施承担贯彻始终的责任。美国则以杜邦公司为代表，把安全视为所从事的工作的一个组成部分，明确安全具有压倒一切的优先理念，不能容忍任何偏离安全制度和规范的行为，强化安全人人有责，层层负责。习近平总书记强调安全生产要坚持标本兼治，重在治本，构建长效机制，强调领导干部要敢于担当，要居安思危，临事而惧，有睡不着觉、半夜惊醒的压力，敢抓敢管，勇于负责，不可有丝毫懈怠、半点疏忽；强化落实安全生产全员责任制，落实全过程风险管控等，这些理念、思想与各国经实践证明的行之有效的安全管理做法不谋而合。因此，从学习比较各国先进安全管理做法来领会习近平总书记关于安全生产的重要论述，从实事入手，从实证着眼，以实践验证理论，以理论指导实践，促进入脑入心，转化为行动力量，将大大增强理论学习效能。

全球工业化进程中，风险与挑战不可避免，安全发展是全人类的共同追求。做好安全生产工作，务必强化风险意识和忧患意识，常观大势，常思大局，科学预见安全形势发展走势和隐藏其中的风险挑战，既要高度警惕“黑天鹅”事件，也要防范“灰犀牛”事件，既要有防范风险的先手，也要有应对和化解挑战的高招；既要打好防范和抵御风险的有准备之战，也要打好化险为夷、转危为机的战略主动战。

07 法 治 思 想

依法治安，是安全行稳致远之道。充分利用法治思想进行安全管理，是安全生产工作的重要法宝。安全生产的底线是合法合规，安全生产的基本价值也是合法合规。什么法？什么规？一切安全生产政策、法律、法规、标准、规范就是安全生产的法与规。遵守安全生产法律法规，是所有企业必须要履行的义务。安全生产领域的法治思想，就是依法依规管安全，依法依规治安全。

以《安全生产法》为例，作为安全生产的综合上位法，具有重要的指导意义，如何将《安全生产法》落实到日常安全工作中，就是一种法治思想的具体化、行为化。以生产经营单位和主要负责人为两个主体对象，分别举例来说明。

1. 生产经营单位如何法治?

生产经营单位必须遵守有关安全生产的法律、法规，加强安全生产管理，建立健全全员安全生产责任制和安全生产规章制度，加大对安全生产资金、物资、人员的投入保障力度，改善安全生产条件，加强安全生产标准化建设，构建安全风险分级管控和隐患排查治理双重预防机制，健全风险防范化解机制，提高安全生产水平，确保安全生产。

(1) 遵守《安全生产法》和其他有关安全生产的法律、法规。

遵守包括《安全生产法》在内的安全生产法律法规，是各级企业必须要履行的义务，也是做好企业生产经营的根本。

(2) 加强安全生产管理。加强安全生产管理具有极其重要的地位。企业的安全生产管理，是企业管理的重要组成部分，必须坚持依法治理的原则。企业安全生产涉及了“人、机、环、管”等各要素，而人、物、环境都是受管理因素支配，人的不安全行为和物的不安全状态是造成安全生产事故的直接原因，管理不科学和领导不到位却是本质原因，防止发生事故归根结底应从改进管理做起。

1) 依法设置安全生产的管理机构，配备安全生产管理人员，建立、健全本单位安全生产的各项规章制度并组织实施，保持安全设备设施完好有效，解决现场生产人员短缺与人员技能不足等突出问题。

2）企业主要负责人要切实承担安全生产第一责任人的责任，带头执行现场带班、带头参加班组安全日活动等制度，加强生产现场安全管理。

3）做好对从业人员的安全生产教育和培训，企业主要负责人、安全管理人员、特种作业人员一律经严格考核，持证上岗，职工必须全部经培训合格后才能上岗。

4）坚持不安全不生产，重点做好生产作业场所、设备、设施的安全管理，科学安排设备维护、检修和技改，提高设备健康水平和经济运行能力。

（3）建立健全全员安全生产责任制和安全生产规章制度。

全员责任清单、“三管三必须”，以及岗位职责“横向到底、纵向到边”，旨在建立健全一套完善、全面、系统的责任体系。对于企业，比如分管人力资源的副总经理，对分管领域的安全要负责任，企业安全管理团队配备得不到位，缺人，由此导致的事故，这个副总经理是要负责任的；再比如分管财务的副总经理，如果企业安全投入不到位，分管财务的副总经理是要承担责任的，都是为“全员”落地出谋划策。落实从“一把手”到“一线员工”的全员安全生产责任制是安全生产的必由之路。企业安全生产规章制度是内部劳动规则，是企业内部的“规范”，务必建立健全并遵照执行。全员安全生产责任制落实，各岗位应明确责任人员、责任范围和考核标准。同时，企业应当建立相应的机制，加强对全员安全生产责任制落实情况的监督检查，保证全员安全生产责任制有效落地。

（4）加大对安全生产资金、物资、技术、人员的投入保障力度，改善安全生产条件。

安全生产投入是企业实现安全发展的前提，是做好安全生产工作的基础，安全生产投入总体上包括资金、物资、技术、人员等方面的投入。

（5）加强安全生产标准化。安全生产标准化建设已成为规范企业安全生产工作、提升企业安全管理水平和保障能力的重要抓手，应当把加强安全生产标准化作为企业落实主体责任的重要手段之一进行全面推广。各级企业在具体实践中，要通过落实安全生产主体责任，全员全过程参与，建立并保持安全生产管理体系，全面管控生产经营活动各环节的安全生产与职业卫生工作，实现安全健康管理系统化、岗位操作行为规范化、设备设施本质安全化、作业环境器具定置化，并持续改进。

（6）信息化建设。随着经济社会发展和科技进步，生产经营管理模式多样化，相关数据信息急剧增加，因此加强信息化建设是提高安全生产管理水平的重要手段，是增强安全生产各项管理工作时效性的重要保障，有助于企业全面掌握安全生产动态、有效管控安全风险、及时发现并处置事故隐患、提升事故应急救援能力、切实提高本质安全水平。

（7）构建安全风险分级管控和隐患排查治理双重预防机制，健全风险防范化解机制。

构建安全风险分级管控和隐患排查治理双重预防机制是新时代安全工作的重要要求，坚持把安全风险管控挺在隐患前面，把隐患排查治理挺在事故前面，实现企业安全风险自辨自控、隐患自查自治。

2. 企业主要负责人如何法治?

生产经营单位的主要负责人是本单位安全生产第一责任人，对本单位的安全生产工作全面负责。各级企业可以安排其他负责人协助主要负责人分管安全生产工作，但不能因此减轻或免除主要负责人对本单位安全生产工作所负的全面责任。不可否认，主要负责人重视安全流于表面一直是部分企业安全生产工作的痛点，而新《安全生产法》在法律层面提出第一责任人的说法，体现出企业主要负责人对安全生产的极端重要性。

（1）建立健全并落实本单位全员安全生产责任制。

责任制是企业安全生产管理制度的核心，责任制也是安全生产管理制度的机制，是所有制度的核心要义所在。讲安全生产责任制，应该自带形容词，叫全员安全生产责任制、全过程安全生产责任制、各级安全生产责任制等，否则责任制就没有意义，没有前提。将“安全生产责任制”修改为“全员安全生产责任制”，是新《安全生产法》修改的内容之一，有利于充分调动企业主要负责人、其他负责人员以及一线员工安全生产的积极性和主动性。那么全员责任制如何制定好，组织好，实施好？关键是企业主要负责人这个“一把手”、这个“第一责任人”能否认真、正确、全面履行好法定职责。新《安全生产法》

很多条款进一步明确了企业主要负责人的安全生产管理责任及处罚标准，推动由事后处罚转变为事前处罚，也旨在落实全员安全生产责任制，特别是主要负责人的第一责任制。各级企业根据业务要求和岗位实际，不断建立健全本单位全员安全生产责任制，更要注重将相关制度落到实处。强调突出安全生产责任的全员性。安全生产，人人都是主角，没有旁观者，通过强化全员安全生产责任制，形成人人关心安全、人人提升安全素质、人人做好安全生产的生动局面，提升企业安全生产整体水平。全员安全生产责任制，是根据我国的安全生产方针“安全第一、预防为主、综合治理”和安全生产法规建立的企业各级领导、职能部门、工程技术人员、岗位操作人员在劳动生产过程中对安全生产层层负责的制度。在全员安全生产责任制中，企业主要负责人应对本单位的安全生产工作全面负责，其他各级管理人员、职能部门、技术人员和各岗位操作人员，应当根据各自的工作任务、岗位特点，确定其在安全生产方面应做的工作和应负的责任，并与奖惩制度挂钩。实践证明，凡是建立、健全了全员安全生产责任制的企业，各级领导重视安全生产工作，切实贯彻执行党的安全生产方针、政策和国家的安全生产法规，在认真负责地组织生产的同时，积极采取措施，改善劳动条件，生产安全事故就会减少。反之，就会职责不清，相互推诿，而使安全生产工作无人负责，无法进行，生产安全事故就会不断发生。同时，新《安全生产法》增加“落实”二字，强调把全员安全生产责任制度扎根到生产经营每个环节、落实到生产经营一线的重要性。新《安全生产法》出现“落实”18处，落实什么？

1）落实责任，包括安全生产责任制、岗位责任，共8处；

2）落实双重预防机制，共2处；

3）落实措施，包括安全管理措施、整改措施，共8处。

这是对企业主要负责人，特别是“一把手”履职尽责的法律上的规定，应该是很严肃的条款，相关职责条目较修改前也加了“并实施”这三个字。这说明什么？原来口头上讲得多，行动上落实得少，在法的层面上应该给予再明确。

（2）组织制定并实施本单位安全生产规章制度和操作规程。

安全生产规章制度是保证企业生产经营活动安全、顺利进行的重要手段，主要包括安全生产管理方面的规章制度和安全生产技术方面的规章制度。安全操作规程与岗位紧密联系，是保证岗位作业安全的重要基础。

（3）组织制定并实施本单位安全生产教育和培训计划。

具有高安全素质和技能的从业人员，是保证生产经营活动安全进行的前提，而安全生产教育和培训是提高从业人员安全素质和安全操作技能的重要保障。

（4）保证本单位安全生产投入的有效实施。

安全生产投入是保障生产经营单位具备安全生产条件的必要物质基础，安全生产投入不足是导致事故发生的重要原因之一。企业主要负责人应当保证本单位有安全生产投入，并保证这项投入真正用于本单位的安全生产工作，在经济效益与安全生产方面找到最佳结合点，促进安全生产经营。

（5）组织建立并落实安全风险分级管控和隐患排查治理双重预防工作机制，督促、检查本单位的安全生产工作，及时消除生产安全事故隐患。

安全风险分级管控和隐患排查治理双重预防工作机制，是贯彻落实坚持源头防范的重要预防措施，做到防患于未然，及时消除隐患，牢牢把握安全生产工作的主动权。

（6）组织制定并实施本单位的生产安全事故应急救援预案。

生产安全事故应急救援预案对于防止事故扩大和迅速抢救受害人员，尽可能地减少损失，具有重要的作用。它是一个涉及多方面工作的系统工程，需要企业主要负责人组织制定和实施，同时加强演练，不能将应急救援预案束之高阁，要真正使之成为能用、好用的法宝，一旦发生事故也要有用、管用。

（7）及时、如实报告生产安全事故。

企业主要负责人应及时、如实地报告生产安全事故，不得隐瞒不报、谎报或者迟报，以利于及时抢救和调查处理。

法治思想，博大精深，安全生产领域的依法合规，不仅仅是置身其中包括主要负责人在内的各级岗位人员的“护身符”，也是企业整体安全的“护身符”，试想，安全生产的每一个环节都能按照法律法规要求做到，并且做到位，不留死角，那还能不“安全”吗？

第三篇

安全之器

“建立起安全生产的世界观，要懂得安全之道”，但仅仅是坐而论道，对于做好安全还是远远不够的，必须起而行之。具备新时代安全生产的方法论，掌握安全之器，行动起来，干在实处，落在细处，才能保安全，才能真安全。

安全之器，是做好安全行之有效的工具、手段、方法，如安全投入、安全教育培训、双重预防机制建设、安全生产标准化、安全评价、相关方管理、企业安全文化建设、安全素质养成实践、应急能力建设等。通过这些成熟做法或者创新之法，科学谋划安全生产工作，使得安全之道真正落地，达成安全目标，从“零”开始，向“零”奋斗。

08 安 全 投 入

安全要舍得花钱，舍得下功夫。

习近平总书记在谈及落实企业主体责任方面，讲了四个到位，即安全投入到位、安全培训到位、基础管理到位、应急救援到位，并把安全投入列在第一个位置，是企业落实安全生产责任、保障安全生产条件的基础性安排。新《安全生产法》第四条也明确规定，加大对安全生产资金、物资、技术、人员的投入保障力度，确保安全生产。

我们往往把安全投入作为成本来看，忽视了其经济效益。表面上看，安全投入真金白银花出去了，确实是减少了一部分利润，但这个背后还有一笔账有必要算一算。早在2002年，国家安全生产监督管理局有一个立项课题，安全生产与经济发展关系的研究，这个研究课题的成果得出了安全生产领域的一个法则，称为罗氏法则。

$$1:5:\infty$$

即：投入1元的安全成本，可以产出5元的经济效益和无穷大的生命价值，这充分体现了安全是生产力。

安全投入的效益主要体现在：

（1）事故发生率降低，损失减少。从安全经济学角度看，“事故预防的投入产出比”要高于“事后惩戒的投入产出比”。

（2）增值作用明显，能提高作业人员的工作效率，就像有车灯、气囊、安全带等设施，行车将更加平稳，速度将更加快捷一样。

根据统计，安全生产力的贡献率一般行业在2.5%，高危行业如煤矿、地质、石油等可高达7%左右。因此，安全投入既是落实企业主体责任，保障安全生产的基础，也是创造企业安全价值（包括经济功能与生产力作用）的前提。

如何做好安全投入？《企业安全生产费用提取和使用管理办法》（财资〔2022〕136号），给出了明确答案。以电力工程施工企业和电力生产企业为例，来说明安全投入的各项法定内容。

1. 总的要求

概念上，所谓企业安全生产费用即专门用于完善和改进企业或者项目安全生产条件的资金，在成本中列支。企业应当建立健全内部管理制度，明确安全生产费用提取和使用的程序、职责和权限，同时加强费用管理，编制年度计划，纳入财务预算，从成本中列支并专项核算，确保安全投入。企业提取的安全生产费用属于企业自提自用资金，除集团总部按规定统筹使用外，任何单位和个人不得采取收取、代管等形式对其进行集中管理和使用。

原则上，主要包括：①筹措有章，足额提取；②支出有据，据实开支，合规合法；③管理有序，专项核算和归集，不得挤占、挪用；④监督有效，内外部同时监督，并开展信息披露（如企业当年实际使用的安全生产费用不足年度应计提金额 60%）和社会责任报告。

企业安全生产费用支出范围的通用规定如表 3-1 所示。

表 3-1　　企业安全生产费用支出范围的通用规定

序号	具体内容	注意事项
1	购置购建、更新改造、检测检验、检定校准、运行维护安全防护和紧急避险设施设备	不含基建三同时
2	购置、开发、推广应用、更新升级、运行维护安全生产信息系统、软件、网络安全与技术	
3	配备、更新、维护、保养安全防护用品和应急救援器材、设备	
4	应急救援队伍建设、安全生产宣传教育培训、从业人员发现报告事故隐患的奖励	含应急救援物资储备、人员培训等方面
5	安全生产责任险、承运人责任险等与安全生产直接相关的法定保险	
6	安全生产检查检测、评估评价、评审、咨询、标准化建设、应急预案制修订、应急演练	不含基建期安全评价
7	其他	与安全生产直接相关

2. 电力工程施工企业

时间上，财资〔2022〕136 号文自印发之日起实施，也就是 2022 年 11 月

30日开始实行。在此之前，建设工程项目已经完成招投标并签订合同的，按照原规定标准提取。按时间节点，每一个阶段的提取额度如表3-2所示。

表3-2　　电力工程施工企业安全生产费用提取额度

序号	时间节点	额度	注意事项
1	投标阶段	建安工程造价2.5%	编制投标报价时单列，竞标时不得删减
2	工程开工日一个月内	建设单位向承包单位支付大于或等于50%	
3	分包工程开工日一个月内	总包单位向分包单位支付大于或等于50%	分包单位不再重复提取
4	工程实施过程	月末按工程进度计算提取	
5	工程竣工决算后	结余的费用应当退回建设单位	

电力工程施工企业的安全生产费用的主要支出类别包括安全防护设施设备、应急救援、基础管理、安全检查、安全防护用品、教育培训、创新应用、特种设备等，具体如表3-3所示。

表3-3　　电力工程施工企业安全生产费用支出范围

序号	支出类别	具体内容	注意事项
1	安全防护设施设备	(1) 施工现场临时用电系统。 (2) 洞口或临边防护。 (3) 高处作业或交叉作业防护。 (4) 临时安全防护。 (5) 支护或防治边坡滑坡。 (6) 工程有害气体监测和通风。 (7) 保障安全的机械设备。 (8) 防火、防爆、防触电、防尘、防毒、防雷、防台风、防地质灾害等设施设备	不含基建三同时

续表

序号	支出类别	具体内容	注意事项
2	应急救援	(1) 应急救援技术装备、设施配置及维护保养。 (2) 事故逃生和紧急避难设施设备的配置。 (3) 应急救援队伍建设。 (4) 应急预案制修订。 (5) 应急演练	
3	基础管理	(1) 施工现场重大危险源检测、评估、监控。 (2) 安全风险分级管控和事故隐患排查整改。 (3) 工程项目安全生产信息化建设、运维和网络安全	
4	安全检查	(1) 安全生产检查。 (2) 评估评价。 (3) 咨询和标准化建设	不含基建期安全评价
5	安全防护用品	现场作业人员安全防护用品配备和更新	
6	教育培训	(1) 安全生产宣传。 (2) 教育培训。 (3) 从业人员发现并报告事故隐患的奖励	
7	创新应用	安全生产适用的新技术、新标准、新工艺、新装备的推广应用	
8	特种设备	安全设施及特种设备检测检验、检定校准	
9	保险	安全生产责任保险	
10	其他	与安全生产直接相关的支出	

3. 电力生产企业

电力生产企业以上一年度营业收入为依据，采用超额累退的方式确定提取额度，逐月平均提取，具体提取标准如表 3 - 4 所示。

表 3-4 电力生产企业安全生产费用提取标准

序号	上一年度营业收入	提取额度（%）
1	≤1000 万元	3
2	1000 万～1 亿元	1.5
3	1 亿～10 亿元	1
4	10 亿～50 亿元	0.8
5	50 亿～100 亿元	0.6
6	≥100 亿元	0.2

新建和投产不足一年的电力生产企业，当年企业安全生产费用据实列支，年末以当年营业收入为依据，按照规定标准计算提取企业安全生产费用。

电力生产企业的安全生产费用支出包括安全防护设备设施、应急救援、基础管理、安全检查、教育培训、劳动防护用品、创新应用、特种设备、保险等，具体如表 3-5 所示。

表 3-5 电力生产企业安全生产费用的支出范围

序号	支出类别	具体内容	注意事项
1	安全防护设备设施	（1）发电、输电、变电、配电等设备设施的安全防护及安全状况的完善、改造、检测、监测及维护。 （2）作业场所的安全监控、监测。 （3）防触电、防坠落、防物体打击、防火、防爆、防毒、防窒息、防雷、防误操作、临边、封闭等设备设施	不含基建三同时
2	应急救援	（1）配备、维护、保养应急救援器材和设备设施。 （2）应急救援队伍建设。 （3）应急预案制修订。 （4）应急演练支出	
3	基础管理	（1）重大危险源监测、评估、监控。 （2）安全风险分级管控和事故隐患排查治理整改。 （3）安全生产信息化、智能化建设、运维。 （4）网络安全	不含燃煤电厂贮灰场重大隐患除险加固和水电站大坝重大隐患除险加固

续表

序号	支出类别	具体内容	注意事项
4	安全检查	（1）安全生产检查。 （2）评估评价。 （3）咨询。 （4）标准化建设	不含基建期安全评价
5	教育培训	（1）安全生产宣传。 （2）教育培训。 （3）从业人员发现并报告事故隐患的奖励	
6	劳动防护用品	配备和更新现场作业人员安全防护用品	
7	创新应用	安全生产适用的新技术、新标准、新工艺、新设备的推广应用	
8	特种设备	安全设施及特种设备检测检验、检定校准	
9	保险	安全生产责任保险	
10	其他	与安全生产直接相关的其他支出	

电力生产企业安全生产费用年度结余资金结转下年度使用，若当年计提费用加上年初结余小于年度实际支出，即出现赤字，应当于年末补提。如连续两年补提安全生产费用，可以按照最近一年补提数提高提取额度。若月初结余达到上一年应计提金额三倍及以上的，自当月开始暂停提取，直到结余低于三倍时恢复提取。

安全生产责任保险是安全投入的组成部分。一般地，风险控制有四种基本方法，分别是风险消除、风险减轻、风险转移和风险保留。在安全生产领域，投保安全生产责任险是一种有效的风险转移方法，但安全生产责任险又不等同于一般的人身保险或财产保险。

2006年以来，安全生产责任险在河南省、湖北省、山西省、北京市、重庆市等省市作了试点，积累经验，重点是为了增加事故应急救援和事故单位从业人员以外的事故受害人的赔偿补偿资金来源，拓宽安全生产的资金投入渠道，同时用于工伤事故预防。

工伤保险的资金大多用于工伤事故以后对于伤残人员的赔偿，用于事故的预防和安全生产渠道并不畅通，而且资金量也往往不能满足需要。同时，安全风险抵押金，作为安全生产奖惩的资金运用，在安全生产的基础设施和能力建设方面投入较少。基于此，《中共中央　国务院关于推进安全生产领域改革发展的意见》取消了安全生产风险抵押金制度，建立健全安全生产责任保险制。

如何落实安全生产责任保险制？2019 年 8 月 12 日发布的《安全生产责任保险事故预防技术服务规范》（AQ 9010—2019）给出了明确指导意见。AQ 9010—2019 是安全生产八大高危行业的强制性标准。

八大高危行业领域包括煤矿、非煤矿山、危险化学品、烟花爆竹、交通运输、建筑施工、民用爆炸物品、金属冶炼、渔业生产。安全生产责任险不同于一般保险，具有事故预防功能，保险机构必须为投保单位提供事故预防服务，帮助企业查找风险隐患，提高安全管理水平，从而有效防止生产安全事故的发生。为了突出事故预防特点，明确服务强制性原则，《安全生产责任保险事故预防技术服务规范》（AQ 9010—2019）细化 7 类服务项目，明确 4 种服务形式及服务流程。

7 类服务项目包括：①安全生产宣传教育培训；②安全风险辨识、评估和安全评价；③生产安全事故隐患排查；④安全生产标准化建设；⑤生产安全事故应急预案编制和演练；⑥安全生产科技推广应用；⑦其他有关事故预防工作。

相对于安全生产责任险，工伤保险是一种强制性的社会保险，雇主责任险、公众责任险、意外伤害险等是普通的商业保险，保障范围均不及安全生产责任险，并且缺乏事故预防功能。

在政策上，安全生产责任险是一种带有公益性质的强制性商业保险，八大高危行业领域的生产经营单位必须投保，同时在保险费率、保险条款、预防服务等方面加以严格规范。

在功能上，安全生产责任险的保障范围不仅包括企业从业人员，还包括第三者的人员伤亡和财产损失，以及相关救援救护、事故鉴定和法律诉讼等费用。

09　安全教育培训

1. 安全教育培训相关规定

人文是生产活动中最活跃的因素和最高级的管理。安全教育培训是安全生产领域的法定义务，是保障企业安全生产的基础性工作，举例如下：

（1）《安全生产法》［主席令　第88号（2021年）］，生产经营单位未按照规定对从业人员、被派遣劳动者、实习学生进行安全生产教育和培训，或者未按照规定如实告知有关的安全生产事项的，未如实记录安全生产教育和培训情况的，特种作业人员未按照规定经专门的安全作业培训并取得相应资格，上岗作业的，责令限期改正，处十万元以下的罚款；逾期未改正的，责令停产停业整顿，并处十万元以上二十万元以下的罚款，对其直接负责的主管人员和其他直接责任人员处二万元以上五万元以下的罚款。

（2）《生产经营单位安全培训规定》［国家安全生产监管总局令　第80号（2015年）］，加强和规范生产经营单位安全培训工作，提高从业人员安全素质，防范伤亡事故，减轻职业危害；生产经营单位应当进行安全培训的从业人员包括主要负责人、安全生产管理人员、特种作业人员和其他从业人员。

（3）《国家能源局关于加强电力安全培训工作的通知》（国能安全〔2017〕96号），电力企业要全面落实安全培训的主体责任，牢固树立“培训不到位是重大安全隐患”的意识，坚持依法培训、按需施教的工作理念，提高安全培训质量，全面加强安全培训基础建设。

（4）《社会消防安全教育培训规定》［公安部令　第109号（2009年）］，加强社会消防安全教育培训工作，提高公民消防安全素质，有效预防火灾，减少火灾危害，单位应当根据本单位的特点，建立健全消防安全教育培训制度，明确机构和人员，保障教育培训工作经费。

企业应该制定全年培训计划，包括复工复产培训、岁末年初培训、安全生产月主题培训等节点，具体学时要求如表3-6所示。

表3-6　培训学时要求

岗位	初次培训（学时）	每年再培训（学时）
主要负责人	32	12
安全生产管理人员	32	12
新上岗人员	24	12

加强安全培训工作，是提高从业人员安全意识和安全技术水平，强化生产经营单位安全生产基础的重要途径，是防止“三违”行为（违章指挥、违章作业、违反劳动纪律），不断降低事故总量，遏制较大以上事故的源头性、基础性举措。

2. 反违章教育培训

根据相关研究发现，从业人员在作业过程中遇到疑问，他们往往不会选择停下来寻求帮助，而是倾向于选择冒险继续作业，这就是典型的违章作业。各级企业应建立反违章教育培训机制，把反违章教育培训作为安全教育培训一项重要内容优先安排，按照“分层级、分专业、重实效”的原则定期或不定期组织反违章教育培训，不断提高员工反违章知识和技能。

具体来讲，违章是指在生产活动过程中，违反有关安全生产的规程、制度、标准、规范以及正确的安全作业习惯，而构成的一切不安全行为和不安全状态。一般地，违章现象分为四类，即作业性违章、装置性违章、指挥性违章、管理性违章。

（1）作业性违章是指在生产活动过程中，不遵守国家、行业以及企业的各项规定、制度及反事故措施，违反保证安全的各项规定、制度及措施的一切不安全行为。作业性违章的主体是直接作业人员和作业负责人。

（2）装置性违章是指工作现场的环境、设备、设施及工器具不符合国家、行业、企业有关规定、反事故措施和保证人身安全的各项规定及安全技术措施的要求，而存在的一切不安全状态。装置性违章的责任主体是设备主人和专业技术人员。

（3）指挥性违章是指各级领导以及工作票签发人、工作负责人、许可人、设计、施工负责人，违反国家、行业、技术规程、条例和保证人身安全的安全技术措施进行劳动组织与指挥的行为。指挥性违章的主体是生产指挥人员。

（4）管理性违章是指企业各级管理人员，不按国家、行业、企业有关规定和反事故措施，未结合企业实际制定有关规程、制度和措施并组织实施的行为，管理性违章的主体是负责制定和落实规程、制度的管理人员。

此外，从违章者本人的安全技术素质与思想、心理、习惯等角度出发，违章也可分为偶然性违章和习惯性违章，偶然性违章就是由于缺乏安全技术知识或心理、身体、客观环境的意外诱发的不安全工作行为，而习惯性违章是指由于固守旧的不良作业传统和工作习惯而违反安全工作规程的工作状况。

反违章工作是安全生产工作的重要组成部分，有利于提高企业全员反违章意识和“四不伤害”能力（即不伤害自己、不伤害他人、不被他人伤害、保护他人不受伤害），有利于实施安全生产源头治理，有利于减少与预防安全生产事故。反违章工作就要树立“违章就是事故”和“反违章是员工基本技能”的理念，严禁“以罚代管”和“只管不罚”，坚持对违章现象“零容忍”，坚持对各类违章均应按照“四不放过”（原因未查清不放过、责任人员未处理不放过、整改措施未落实不放过、群众及有关人员未受到教育不放过）原则和“教育、曝光、处罚、整改”步骤进行处理，坚持“全员、全过程、全时段、全方位、全要素”的原则，建立反违章工作机制，积极开展无违章创建活动；加大违章处罚力度，推行反违章禁令管理，构建形成“不敢违章、不能违章、不想违章”的有效氛围，发动全员积极自查自纠和查禁违章活动，健全违章档案，如实记录各级人员的违章及考核情况，并作为安全绩效评价的重要依据。

反违章，首要在于防止人因失效。人是容易出错的，也无法胜任过量信息的处理，据统计，普通人每天出错在100次以上。

表3-7列出了某电厂近十年实际发生事故原因分类，可以看到人因失误占比为76.2%，成了电力生产事故发生的主要原因。

表3-7　　某电厂近十年实际发生事故原因分类

序号	原因分类	主要原因数	比例（%）
1	人为因素	48	76.2
2	设计、制造	3	4.8
3	安装	2	3.2
4	运行	28	44.4

续表

序号	原因分类	主要原因数	比例（%）
5	检修	26	41.3
6	电气保护误动或不动	4	6.3
7	总事故数	63（第2～6项）	100

如何防止人因失效？培训成为当前最重要、最有效的抓手。作为预防安全生产事故发生的重要前置手段及前沿阵地的安全培训，在安全生产工作中甚至起到决定性的作用，但最忌安全生产培训“走过场”。通过安全教育与培训，充分发挥“人因”在安全生产中的关键性作用，使得发生“要我安全”到“我要安全”的根本性转变。

“88∶10∶2”是美国著名的安全工程师海因里希经过大量的研究提出的安全事故致因规律，即针对100起的安全事故，其中88起事故是纯粹人为造成的，10起事故是人的不安全行为与物的不安全状态共同造成的，而只有2起事故是人难以预防的。人因失效（或人因失误）是造成安全生产事故的一个关键因素。通过对核电站事故的实际调查，人因失效导致的事故占85%以上，这与理论研究的“88∶10∶2”规律是吻合的。人因工程不仅受到客观因素的影响，还有主观要素的制约，如人的性格、工作态度、管理水平、沟通能力等。为克服这些主观要素的不利影响，或充分发挥主观要素的正向作用，则需要通过对“人因”这一根本性因素进行长期的培训来实现。通过长期实践总结形成了“人因”培训的典型做法，即防人因失效工具，具体包括：①工前会；②三向交流；③自检；④他检；⑤监护；⑥工后会；⑦独立验证；⑧质疑的态度；⑨使用规程；⑩不确定时暂停。

3. 如何做好安全教育培训工作

根据企业安全生产需求，定制针对性强、可操作性强、有效性强的安全教育培训课程，并有效实施，是安全生产领域的重要举措，从而确保安全教育培训到位，落实企业主体责任。

（1）提出培训需求。

（2）设计培训方案，包括课程设计、师资筛选、日程安排、培训模式（讲授式、体验式、论坛式等）、考核方式等。

（3）明确培训具体方案及要求，若委托第三方，则签订培训合同。

（4）实施培训及训后考核，达成培训目标。

（5）培训建档及后评价。

安全教育培训的典型内容如表 3 - 8 所示。

表 3 - 8　　安全教育培训的典型内容

序号	培训内容
1	国家安全生产方针、政策
2	安全生产法律、法规、规章及标准
3	安全生产管理、安全生产技术、职业卫生等知识
4	伤亡事故统计、报告及职业危害的调查处理方法
5	应急管理、应急预案编制以及应急处置的内容和要求
6	重大危险源管理、重大事故防范
7	国内外先进的安全生产管理经验
8	近年来典型事故和应急救援案例分析

10 双重预防机制建设

新《安全生产法》总结凝练了很多新的安全领域政策及安全制度设计，使之成为“法”的部分，将行之有效的经验和做法以法律形式固定下来，提升至“法”的高度进行落实，其中“双重预防机制”便是新增的主要内容之一，也是新《安全生产法》主要亮点之一，谓之“双重预防机制首次入法”。

在正式入“法”之前，双重预防机制作为企业安全生产领域非常重要的管理工具，已经被各行业各领域逐步推崇并不断提升应用效能，特别是2016年以后，双重预防机制在中央顶层设计的推动下得到了前所未有的发展，为安全生产行稳致远发挥了更大作用，入“法”以后，未来必将发挥更多作用。双重预防机制准确把握安全生产的特点和规律，坚持风险预控、关口前移，构建双重预防长效的工作机制，推进事故预防工作科学化、信息化、标准化，把风险控制在隐患形成之前，把隐患消灭在事故发生之前，从而实现安全风险自辨自控、隐患自查自治，有效地遏制和防范各类安全事故。

所谓双重预防机制，即“安全风险分级管控和隐患排查治理双重预防机制”，从定义来看，双重预防机制的落脚点在“双重”“预防”和“机制”，而且三者有机统一，“双重”是内容，“预防”是要求与目标，“机制”是制度与方法，应准确把握安全生产的特点和规律，坚持风险预控、关口前移，推进事故预防工作科学化、信息化、标准化，把风险控制在隐患形成之前，把隐患消灭在事故前面，从而贯彻落实“安全第一，预防为主，综合治理”的安全生产方针。

“双重”即安全之“风险与隐患”，安全风险是指生产安全事故或健康损害事件发生的可能性和严重性的组合。可能性是指事故（事件）发生的概率。严重性是指事故（事件）一旦发生后，将造成的人员伤害和经济损失的严重程度。安全隐患是指生产过程中产生的可能造成人身伤害，或对系统安全稳定运行构成威胁的设备设施不安全状态、不良工作环境以及安全管理方面的缺失等。风险辨识与分级解决安全生产领域“想不到”的问题，隐患排查与治理解决安全生产领域“管不住”的问题。

“预防”即安全风险与安全隐患的“事前管理”，推动安全生产管理关口前移，这是本质安全建设的必然要求，也是安全工作科学化的内在要求，实现安全风险自辨自控、隐患自查自治，从而有效遏制和坚决防范各类事故。

“机制”即一种制度体系，讲究制度建设与执行，突出工作方式方法。这种制度体系应深刻把握安全风险与隐患的内涵，围绕“预防”的要求与目标，探索建立一套不断完善与发展的制度体系，通过方法创新、流程再造、持续改进，使得安全风险科学分级、合理管控，安全隐患精准排查、有效治理，从而实现安全生产的终极目的。安全风险分级管控应坚持全员参与、全方位管理、全过程控制和动态管理原则，树立“风险管控不到位就是隐患”的理念，做到与反违章、可靠性管理、应急管理、安全生产标准化、安全评价等工作有机融合，将风险控制在可接受的范围内。安全风险分级管控包括风险辨识分析、风险评估分级、风险管控及风险公告。针对安全生产的特点，全方位、全过程辨识生产工艺、设备设施、作业环境、人员行为和管理体系等方面存在的安全风险，做到系统、全面、无遗漏。一般地，风险等级从高到低划分为重大风险、较大风险、一般风险和低风险四个等级，分别用“红、橙、黄、蓝”四种颜色标示。依据风险评估结果，针对安全风险特点，从组织、制度、技术、应急等方面对不可接受的风险制定风险控制措施，包括技术措施和管理措施。将较大及以上风险的名称、位置、危险特性、影响范围、可能发生的安全生产事故及后果、管控措施和安全防范与应急措施告知直接影响范围内的相关单位和人员。

隐患排查治理应坚持“谁主管、谁负责”和“全方位覆盖、全过程闭环”的原则，树立“隐患不消除就是事故”理念，将隐患排查治理与反违章、安全检查等日常基础工作相结合，严防风险管控措施失效或弱化形成隐患。隐患排查治理与安全生产各项工作有机结合起来，建立健全日常、定期、专项隐患排查治理工作机制，统筹开展隐患排查工作。排查出来的隐患应进行闭环整改，落实整改责任、资金、措施、预案和期限，按计划进行整改验收，验收合格予以注销备案，不合格的重新组织整改。重大事故隐患还应制定治理方案，包括治理的目标和任务、采取的方法和措施、经费和物资的落实、负责治理的机构和人员、治理的时限和要求、安全措施和应急预案。

隐患排除前或者排除过程中无法保证安全的，应当从危险区域内撤出作业人员，并疏散可能危及的其他人员，设置警戒标志，暂时停产停业或者停止使用；对暂时难以停产或者停止使用的相关生产储存装置、设施、设备，应当加强维护和保养，防止事故发生。

现在讲“双重预防机制”，追溯的时间节点是2016年1月。2016年1月6日，习近平总书记在中共中央政治局常委会会议上部署安排全国安全生产工作，其中讲到了“必须坚决遏制重特大事故频发势头，对易发重特大事故的行业领域采取风险分级管控、隐患排查治理双重预防性工作机制，推动安全生产关口前移，加强应急救援工作，最大限度减少人员伤亡和财产损失”，这是“双重预防机制”的源头。为了贯彻落实习近平总书记的讲话要求，加快促进“双重预防机制”落地并发挥作用，国务院安委办于2016年4月6日下发《国务院安委会办公室关于印发标本兼治遏制重特大事故工作指南的意见》（安委办〔2016〕3号），安委办〔2016〕3号文中提出“着力构建安全风险分级管控和隐患排查治理双重预防性工作机制”；同年10月9日下发《国务院安委会办公室关于实施遏制重特大事故工作指南构建双重预防机制的意见》（安委办〔2016〕11号），安委办〔2016〕11号文中对“构建安全风险分级管控和隐患排查治理双重预防机制”提出具体要求，包括全面开展安全风险辨识、科学评定安全风险等级、有效管控安全风险、实施安全风险公告警示和建立完善隐患排查治理体系。2016年以来，在国家顶层设计指导与推动下，各行业各领域围绕“双重预防机制”的建议与应用，不断探索创新，逐步形成了各具特色的机制建设，并不断完善应用与发展，特别是在一些传统的高危行业，如煤矿、化工等领域，走得比较快，做得比较好，为其他行业提供了非常有意义的参考模式。其实，在系统性提出“双重预防机制”这个概念之前，就“安全风险与隐患排查”这两个具体内容而言，在安全生产领域已早有涉及，如原电监会下发的《发电企业安全生产标准化规范及达标评级标准》（电监安全〔2011〕23号），其中涉及了“重大危险源监控”及“隐患排查和治理”，其要义就在“双重预防机制”的范畴之内，重大危险源是风险等级高、需要重点关注的“风险”，管控重大危险源使其不会转化为隐患，甚至造成事故，这是安全生产标准化建设中对“双重预防机制”的内在要求。因此，就发展历程来看，“双重预防机制”并非横空出世，包含在经过历史检验的各类安全管理与安全技术中，是安全生产领域历史进程中推进安全管理与技术理论创新发展的必然结果。

在推进“双重预防机制”建设与应用的过程中，根据各行业各领域的差异，结合实际，鼓励不断创新方法，建立健全本行业本领域的制度体系，构建适合行业发展的机制，探索应用新途径，并不断持续改进。

风险，即事故发生的可能性及其影响程度（严重性）的函数。在考虑风险大小时，需要统筹考虑可能性与严重性的大小及其结合的最终程度。一般地，将风险分为两类，包括原始风险和现有风险。原始风险也称为固有风险、初始风险或裸风险，是危险有害因素或危险源的根源所在，比如一套储存有危险化学品的设备设施，因其危险化学品的危险物质及其能量而具有固有危险性；再比如一项高处作业活动因其处于高空具有的势能风险等，是在不考虑安全管控措施的情况下，危险源存在的可能风险，关注的是风险本源，这种风险是固定的。现有风险也称剩余风险、残余风险，是对原始风险进行管控之后，采取相应安全措施，危险有害因素实际存在的风险，关注的是风险“状态”或风险“行为”，这种风险往往是可变的，其变化趋势取决于管控措施是否发挥作用及作用的大小。在“双重预防机制”建设过程中，“安全风险分级管控”一般将风险分为四个等级，一级到四级，风险逐渐减少，分别标识为红、橙、黄、蓝四种颜色，其中一级为重大风险，用红色标识；二级为较大风险，用橙色标识；三级为一般风险，用黄色标识；四级为低风险，用蓝色标识。在进行“分级管控”实践中，将现有风险中的较大、重大风险确定为不可接受风险，而一般、低风险为可接受风险。那么，用于风险分级并依级制定管控措施的“风险”是原始风险还是现有风险？若采用原始风险，不考虑配置相应的管控措施，可根据危险有害因素实际的物质量及其能量或作业活动本身的能量大小进行直接分级判定，对于大型存储设施或危险性较大作业活动，其计算值就会较大甚至很大，其风险就有可能是较大风险或重大风险，目前一般企业绘制的风险分布四色图，并张贴在企业明显处，基本上不做更改，此风险分布四色图即原始风险分布四色图，未考虑动态变化；若采用现有风险，考虑配置相应的安全措施，对原始风险进行了有效管控，其风险等级就可以随之降低，特别是对于较大风险或重大风险，通过管理、技术等措施使之降低到一般风险或低风险，使得风险可以接受。对于构成危险化学品重大危险源、涉及危险化工工艺等的高危企业，此时的原始风险必定是较大风险或重大风险，如果仅从“原始风险”考虑，此时的风险是“不可接受的”，“不可接受的风险存在”对企业生产而言是不允许的，从这一点上讲，以“现有风险”进行“安全风险分级”与“分级后有针对性管控”更科学、更有实践意义。其实，“原始风险”是固有属性，通过“量”可以直接计算，对于企业安全生产而言，并没有风险“可接受”与“不可接受”一说。同时，“原始风险”作为“风险分级管控”的基础，是科学计量“现有风险”的来源。当前，针对风险辨识，已经发展了许多可供参考的有效方法，比如针对设备设施工艺流程的，包括安全检查表法（SCL）、故障类型及影响分析（FMEA）、危险和可操作性研究（HAZOP）、故障假设分析（WHAT-IF）、事故树分析（FTA）、事件树分析（ETA）、概率风险评价（PRA）等，又比如针对某具体作业活动的，包括工作危害性分析（JHA）或工作安全分析（JSA）等。通过以上方法进行危险源辨识后，可通过LS或LEC方法进行安全评价，实现安全风险分级。

一般地，对危险有害因素（或风险点）所采取的管控措施缺失或存在缺陷时就形成了事故隐患，包括物的不安全状态、人的不安全行为和管理上的缺陷等方面。“现有风险”状态是动态变化的，积极的措施促进风险降低，而消极的应对必然引发风险提高，即现有风险的大小是随着隐患的产生、排查、治理而动态变化的。如果对原始风险的管控措施缺失或出现了缺陷，就形成了安全隐患，安全风险等级相应提高。此时，及时消除管控措施中的缺陷或者完善缺失的管控措施，就是隐患治理。当安全隐患得到有效治理，现有风险该有的管控措施恢复正常或优化改进，则安全风险等级相应降低。如图3-1所示，揭示了安全风险与隐患的内在逻辑关系。

据此，形成了“双重预防机制”的建设思路，即：

（1）风险辨识，通过辨识危险有害因素，系统发现有哪些危险物质或能量，及可能会发生什么事故。

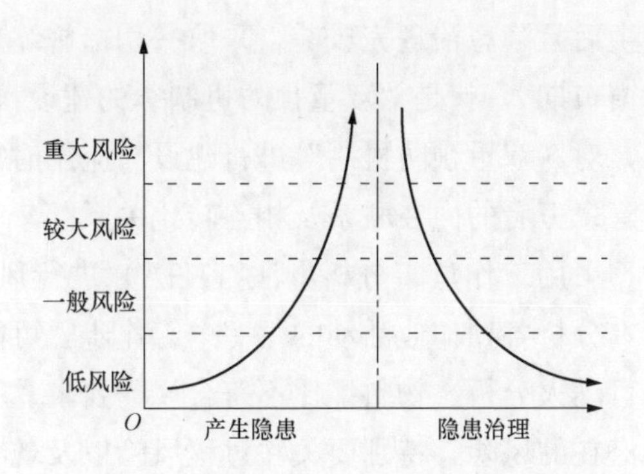

图3-1　安全风险与隐患的内在逻辑关系

(2) 风险评价准则与评价，根据采取的评价准则，对风险进行评价和风险分级。

(3) 风险管控，通过一系列安全管控措施分类对原始风险进行有效管控，使得现有风险处于可接受状态。目前采用的主要措施包括：

1) 工程技术措施：比如现场固定式的各类设施，如××联锁、××报警、氨检测报警器、止逆阀、平台、护栏、洗眼器、消防设施（应急类固定设施）等。

2) 管理措施：比如××管理文件、××操作规程、携带四合一检测仪、设置警戒带（非固定式安全设施）等。

3) 教育培训：比如××培训、特种作业人员取得操作证等。

4) 个体防护：比如防酸碱工作服、绝缘鞋、防溅面罩、防尘口罩、空气呼吸器等。

5) 应急措施：比如应急预案、应急处置卡、急救箱、急救药品等。

(4) 隐患排查，实时监测跟踪现有风险动态趋势，当现有管控措施有缺失或缺陷时，即发现隐患，隐患不及时处理任其发展，则现有风险等级不断升高，甚至进入不可接受状态。

(5) 隐患治理，监测跟踪现有风险变化过程中早期介入，一旦发现隐患，及时采取隐患治理措施，使得现有风险始终处于可接受状态。

对于企业的安全生产，运行期间其现有风险在一般情况下都是可接受的，风险等级为一般风险或低风险，只有在某些时段可能会存在不可接受风险，这个时段就是隐患产生后且隐患治理完成前，采取一切措施缩短这段“窗口期”，或直接消除这段“窗口期”，就是“双重预防机制”的建设目标和应用成果。

基于以上分析，对“双重预防机制”进行建设与应用时需要特别注意原始风险、现有风险、隐患三者的内在联系及相互转化关系。

针对作业活动，采用工作危害分析方法（JHA）进行风险辨识，采用LS方法进行风险评价，分析各项作业活动的每一个工作步骤可能潜在的风险．比如动火作业没有进行动火分析、物料配比不符合规程要求、循环水量不足、阀门开度过大等可能潜在的风险，特别要关注过程风险以及现有的管控措施，在同一个分析表中，同时评价原始风险与现有风险，如表3-9所示。

表3-9　作业活动风险评价样表

作业活动	工作步骤	危险源辨识	原始风险评价					现有管控措施					现有风险评价					增补措施
			L	S	R	风险等级	管控层级	工程技术	管理措施	培训教育	个体防护	应急处置	L	S	R	风险等级	管控层级	

针对设备设施，可采用安全检查表法（SCL）进行风险辨识，分析各设备设施的组成部件及附属安全设施可能潜在的风险，比如：缺少可燃有毒气体检测报警器、安全阀缺失、呼吸阀故障等可能潜在什么风险，特别关注安全设施及安全附件，重点辨识在设备设施方面存在的缺陷，如表3-10所示。

表3-10　设备设施风险评价样表

设备设施	检查项目	标准	不达标可能导致的事故	现有管控措施					风险评价					增补措施
				工程技术	管理措施	培训教育	个体防护	应急处置	L	S	R	风险等级	管控层级	

无论是作业活动或设备设施，增加补充措施，肯定是原来没有的措施，若现有管控措施有则不必再重复，一般也是针对较大风险或重大风险才考虑采取增补措施，也必须采取新的措施降低风险等级。针对因现有管控措施的缺失或失效而提出的有针对性的、改进性的、完善性的措施或建议，则是隐患治理措施。值得特别注意的是，只有当现有管控措施有缺失或缺陷时，即产生隐患时，风险等级才可能会评价为较大或重大风险。对风险管控措施的排查就是对危险有害因素（危险源）现有管控措施的隐患排查，以确保管控措施完好，这正体现了风险分级管控与隐患排查治理的结合。如果现有的安全管控措施完好，并没有产生隐患，但通过风险评价其等级为较大或重大风险，首先要检查评价过程相关取值是否合理，或是否用原始风险代替现有风险进行评价。但如果确实评价出了不可接受风险，在隐患治理后，应对危险源进行二次风险评价，验证是否已将风险降低到了可接受的范围内。

"双重预防机制"作为安全风险管理的重要理论成果和实践方法，还在不断探索发展中，在构建机制和推进应用进程中坚持把重点突破和整体推进作为工作方式，既立足当前，着眼实际，着力解决对安全生产及发展制约性强的突出问题，又能着眼未来，加强制度设计与实践探索，其应有的治理效能还会在各行各业的不断实践中发挥更大作用。同时，企业应定期对"双重预防机制"运行情况进行评审，确定安全生产方针、目标、指标和双重预防机制的适宜性、充分性和有效性，调整资源、优化程序，提高风险管控水平和安全生产保障能力，实现持续改进。

11 安全生产标准化

安全生产标准化，通常是企业安全生产标准化，是一个专业术语，也是一项举足轻重的安全基础性工作。作为专业术语，企业安全生产标准化有其固有的学术定义，这一点可以通过《企业安全生产标准化基本规范》（GB/T 33000—2016）的术语定义予以明确，即“企业通过落实安全生产主体责任，全员全过程参与，建立并保持安全生产管理体系，全面管控生产经营活动各环节的安全生产与职业卫生工作，实现安全健康管理系统化、岗位操作行为规范化、设备设施本质安全化、作业环境器具定置化，并持续改进”。作为企业安全的基础性工作，安全生产标准化即实现“企业安全生产标准化”的过程，包括体系建设与执行，企业安全生产标准化体系是一套既与国际职业安全健康体系接轨，又具有中国特色的安全生产管理体系，是经过安全生产领域实践验证的行之有效的重要体系。

一、为什么做安全生产标准化？

这项安全生产基础工作在今后的安全生产领域将发挥更加突出的作用，理由很多，可列举一二如下：

（1）新《安全生产法》第一章第四条规定“生产经营单位必须遵守本法和其他有关安全生产的法律、法规，加强安全生产管理，建立健全全员安全生产责任制和安全生产规章制度，加大对安全生产资金、物资、技术、人员的投入保障力度，改善安全生产条件，加强安全生产标准化、信息化建设，构建安全风险分级管控和隐患排查治理双重预防机制，健全风险防范化解机制，提高安全生产水平，确保安全生产”，在新《安全生产法》总则的第四条开宗明义，以“法的强制性要求”，加强安全生产标准化工作，这个高度是很高的。

（2）《企业安全生产标准化建设定级办法》（应急〔2021〕83号）已经开始实施，取代了《企业安全生产标准化评审工作管理办法（试行）》（安监总办〔2014〕49号），进一步规范和促进企业开展安全生产标准化建设，应急〔2021〕83号虽然不是强制性要求，企业也是自愿申请安全生产标准化定级，但定级评审不收取费用，同时一旦取得相应等级的标准化企业，将获得很多“优惠政策”，比如：

1）将企业安全生产标准化建设情况作为分类分级监管的重要依据，对不同等级的企业实施差异化监管，例如对一级企业，以执法抽查为主，减少执法检查频次。

2）因安全生产政策性原因对相关企业实施区域限产、停产措施的，原则上一级企业不纳入范围。

3）停产后复产验收时，原则上优先对一级企业进行复产验收。

4）安全生产标准化等级企业符合工伤保险费率下浮条件的，按规定下浮其工伤保险费率。

5）安全生产标准化等级企业的安全生产责任保险按有关政策规定给予支持。

6）将企业安全生产标准化等级作为信贷信用等级评定的重要依据之一。支持鼓励金融信贷机构向符合条件的安全生产标准化等级企业优先提供信贷服务。

7）安全生产标准化等级企业申报国家和地方质量奖励、优秀品牌等资格和荣誉的，予以优先支持或者推荐。

8）对符合评选推荐条件的安全生产标准化等级企业，优先推荐其参加所属地区、行业及领域的先进单位、安全文化示范企业等评选。

从以上两点可以清楚地看到，企业安全生产标准化是“必须做的事”，同时也是“有意义的事”。“必须做”是法的责任，也是安全生产的责任落实；“有意义”是激励政策的利好，也是安全生产的基础保障，综合这两点，企业安全生产标准化将是新时代安全生产工作的重大布局，企业应抓住这样的契机，下好先手棋，打好主动仗。

二、怎么做安全生产标准化定级?

目前，企业安全生产标准化等级分为三级，其中一级最高，有效期三年。按照自评、申请、评审、公示、公告的程序开展企业安全生产标准化定级工作。具体要点如下：

（1）自评。每年开展一次自评，形成自评书面报告，这个过程强调企业开展安全生产标准化的自主性和主动性，要发挥企业主要负责人的组织作用，同时要号召全员参与建设工作。

（2）申请。拟申请安全生产标准化定级的企业，根据拟申请标准化等级向相应组织单位提交自评报告，其中，国家应急管理部为一级安全生产标准化企业以及海洋石油全部等级企业的定级部门；省级和设区的市级应急管理部门分别为本行政区域内二级、三级安全生产标准化企业的定级部门。组织单位在各自的定级范围内，对企业的自评报告进行审核，提出审核意见。

（3）评审。定级部门通过政府购买服务的方式确定安全生产标准化组织单位及定级评审第三方机构，也可以直接组织专家进行现场评审工作。现场评审组在规定的时间内完成评审工作，形成现场评审报告，初步确定企业是否达到拟申请的安全生产标准化等级；企业对现场评审提出的不符合项进行整改，并由现场评审组确认整改的完成情况。

（4）公示。定级部门将确认整改合格、符合相应安全生产标准化定级标准的企业名单向社会公示，接受社会监督；公示过程中如有意见反馈，定级部门核实反映企业不符合安全生产标准化定级标准以及其他相关要求的问题，并做出相应处理。

（5）公告。对公示无异议和经核实不存在所反映问题的企业，定级部门确认其等级，予以公告，并抄送同级工业和信息化等相关部门，加强部门联动。

三、如何实施发电企业标准化定级评审？

以发电企业的安全生产标准化定级评审为例，论述其实施过程、主要问题及整改措施建议。目前实施的《企业安全生产标准化建设定级办法》（应急〔2021〕83号）主要应用于化工、医药、危险化学品、烟花爆竹、石油开采、冶金、有色、建材、机械、轻工、纺织、烟草、商贸等行业。发电企业在这些行业之外，可以参照执行。

对于发电企业而言，原电监会《发电企业安全生产标准化规范及达标评级标准》（电监安全〔2011〕23号）的参考价值意义非常大，该标准虽然年代较远，但结合发电企业专门制定，针对性更强，使用操作更方便，目前很多发电企业还是主要依据这个标准开展的。针对发电企业，行业主管部门变化以后，结合电力安全生产标准化标准规范体系已经较为完备的实际情况，国家能源局和原国家安全监管总局曾联合发文，电力企业安全生产标准化建设工作由电力企业按照电力安全生产标准化规范自主开展，国家能源局及其派出机构不再组织电力企业安全生产标准化达标评级工作。因此，2015年至今，发电企业每年自行组织开展标准化自查自评工作，并将经过上级单位审批的自评报告抄送当地派出机构备案，作为开展安全生产标准化工作的依据。

以某电厂为例，第三方评审机构开展安全生产标准化现场评审工作，涵盖了电厂基本条件、安全基础管理、作业安全管理、职业健康等方面。评审内容包括电厂机组主要设备及系统，化学、燃料、除灰、脱硫、脱硝等公用系统，评审对象涵盖电厂全体员工及有关承包商。从科学性和针对性角度出发，遵照实事求是、客观公正的原则，对电厂存在的危险因素、有害因素进行了识别和评价，并提出了有针对性的建议和对策，最终形成电力安全生产标准化评审报告。

1. 评审人员及分工

发电企业安全生产标准化现场评审共9人，其中安全管理及作业安全3人、职业健康1人、生产设备设施5人、综合管理1人。此外，组长1人，项目负责人及报告汇总编制各1人。设备设施管理根据评审人员工作经历划入专业分工范围。电厂安全生产标准化评审分工见表3-11。

表3-11　电厂安全生产标准化评审分工

查评项目	安全生产标准化评审分工
安全管理 作业安全	5.1　目标 5.2　组织机构和职责 5.3　安全生产投入 5.4　法律法规与安全管理制度 5.6.1　设备设施管理 5.7　作业安全 5.12　信息报送和事故调查处理 5.13　绩效评定和持续改进

续表

查评项目	安全生产标准化评审分工
锅炉燃料化学	5.6.3.4 锅炉设备及系统的设备设施安全 5.6.3.6 化学设备及系统的设备设施安全 5.6.3.7 输煤设备及系统的设备设施安全 5.6.4.3 锅炉设备及系统风险控制 5.6.4.6.2 贮灰场垮坝风险控制 5.6.4.8.1 压力容器爆炸风险控制 5.6.4.8.3 燃油、润滑油系统着火风险控制 5.6.5 设备设施防汛防灾
除灰脱硫环保	5.6.3.8 环保设备及系统的设备设施安全 5.8 隐患排查治理 5.9 重大危险源控制 5.10 职业健康
汽轮机	5.6.2 设备设施保护 5.6.3.5 汽轮机设备及系统的设备设施安全 5.6.4.4 汽轮机设备及系统风险控制 5.6.4.8.2 氢气系统爆炸风险控制
电气	5.6.3.1 电气一次设备及系统的设备设施安全 5.6.3.2 电气二次设备及系统的设备设施安全 5.6.3.9 信息网络设备及系统的设备设施安全 5.6.4.1 电气设备及系统风险控制
热控	5.5 教育培训 5.6.3.3 热控、自动化设备及计算机监控系统的设备设施安全 5.6.4.2 热控、自动化设备及系统风险控制 5.11 应急救援
综合管理	标准化评审基本条件检查

注 表中标号沿用《发电企业安全生产标准化规范及达标评级标准》(电监安全〔2011〕23号),下同。

2. 评审依据

发电企业安全生产标准化评审的主要依据包括：

(1)《企业安全生产标准化基本规范》(GB/T 33000—2016)；

(2)《电力安全生产标准化达标评级管理办法》(电监安全〔2011〕28 号)；

(3)《电力安全生产标准化达标评级实施细则（试行)》(电监安全〔2011〕83 号)；

(4)《发电企业安全生产标准化规范达标评级标准》(电监安全〔2011〕23 号)。

3. 评审范围

评审设备设施包括电厂机组主要设备及系统，化学、燃料、除灰、脱硫、脱硝等公用系统。

评审对象涵盖电厂全体员工及有关承包商。

评审内容包括基本条件、设备管理、安全管理以及职业安全健康等。

评审主要查阅了现场评审一年前的有关资料。

4. 评审方法

评审方法包括：

(1) 安全检查表法（SCL)。依据《发电企业安全生产标准化规范及达标评级标准》(电监安全〔2011〕23 号）对照检查。

(2) 专家分析法。对技术性较强的内容存在不同分歧的扣分条款，先后多次组织专家研究分析和讨论。

(3) 风险分析法。按照风险管控的思想，查找存在风险，提出重大问题及有关建议。

(4) 雷达图分析法。运用“雷达图分析法”，对企业安全进行综合性评价，指出相对薄弱的环节。

5. 评审程序

根据《电力安全生产标准化达标评级管理办法》（电监安全〔2011〕28 号)、《电力安全生产标准化达标评级实施细则（试行)》(电监安全〔2011〕83 号)，主要评审程序如下：

（1）评审组内部会议：评审组召开内部工作会议，熟悉组织体系功能，部署本次查评工作任务及专业具体分工。

（2）首次会议：组织召开首次会议，评审组、企业领导和联络员参加会议。明确评审的目的、依据、范围、程序，提出现场评审的工作内容、方法和要求，评审组认真听取电厂概况和自评情况，评审组和联络员建立联系。

（3）现场评审：评审组依据《发电企业安全生产标准化规范及达标评级标准》（电监安全〔2011〕23号），按照规定的程序和要求，开展现场评审。通过查阅企业安全文件和资料，运行记录和参数、电力设备设施有关台账和试验报告等，并进行实地检查验证，确保现场评审工作质量。

（4）评审专家分析会：评审组先后数次召开专家分析会，就查评工作进展情况、现场评审中发生的问题、适用的法规制度等情况进行充分沟通和交流，统一意见，形成共识。

（5）评审组与企业交流沟通会：根据现场评审初步意见，与企业相关领导和专业人员进行沟通，统一意见、形成共识。

（6）末次会议：组织召开末次会议，评审组、企业领导和联络员参加会议。组长通报各专业查评情况及总体情况，企业领导作表态发言及重点落实整改安排。

6. 评审报告

评审报告共分为六大部分：

（1）第一部分：概述。主要介绍企业概况、生产设备简况、企业自查自评情况、安全生产管理及绩效等内容。

（2）第二部分：现场评审情况。主要介绍现场评审人员情况、评审依据、评审范围、评审方法及评审程序等内容。

（3）第三部分：项目评审情况。核心要求中各评审要素评审情况。

（4）第四部分：评审结果。

（5）第五部分：有关意见和建议。

（6）第六部分：附录部分。

7. 评审结论

依据《发电企业安全生产标准化规范及达标评级标准》（电监安全〔2011〕

23号），该电厂的安全生产标准化达标评级评审有13部分，评审总项共139项，其中适用项118项，不适用项21项，扣分项44项，查证分值1485分，实得分1360分，评审综合得分91.6分。

通过对电厂安全生产标准化现场评审，该企业安全生产标准化基本条件符合要求；安全生产管理水平满足发电企业安全生产标准化达标的条件，依据《电力安全生产标准化达标评级管理办法》（电监安全〔2011〕28号），符合电力安全生产标准化一级企业的标准。

8. 问题及建议

针对现场评审发现的9项重要问题，督促发电企业认真制定整改计划，及时完成整改，并促进建立长效的安全生产标准化管理机制，实现自我完善和持续改进，确保安全生产持续稳定。

（1）第5.1.2项，部分班组制定的安全目标保证控制措施中，大部分内容照搬企业层面或部门层面的内容，未结合班组实际制定相应控制措施。建议基层班组制定安全目标控制措施时，应结合本班组从事的具体工作和工作过程中存在的风险、隐患等实际情况制定保障措施。

（2）第5.4.4项，本年度未发布有效的法律法规、制度、规程等清单。建议企业每年组织全面识别和获取最新颁布的法律法规、标准规范等，并每年发布有效的法律法规、制度、规程等清单。

（3）第5.5.2项，锅炉检修队外包单位项目经理、安全员安全生产考核合格证过期。建议根据《安全生产培训管理办法》[安监总局令　第44号（2012年）] 第十八条规定，安全监管监察人员、从事安全生产工作相关人员，依照有关法律法规应当接受安全生产知识和管理能力考核。尽快组织安全管理人员参加培训取证。

（4）第5.6.1.2项，设备质量管控机制不完善，未制定《设备质量管理制度》。建议按照要求建立健全企业《设备质量管理制度》。

（5）第5.6.4.1.6项，机组励磁变压器电流互感器端子箱体及二次回路接地铜排未接地；发电机TA、TV端子箱本体及箱内接地铜排无接地线；主变压器就地端子箱内接地铜排无接地线。建议按《防止电力生产事故的二十五项重点要求（2023版）》（国能发安全〔2023〕22号）、《国家电网有限公司十八项电网重大反事故措施（修订版）》（国家电网设备〔2018〕979号）等规定和要求实施整改。

(6) 第5.6.4.2.2项，发电机9、10号轴承振动和绝对振动保护共用一个通道输出到汽轮机ETS系统。建议按照《防止电力生产事故的二十五项重点要求（2023版）》（国能发安全〔2023〕22号）要求，重要参数测点、参与机组或设备保护的测点应冗余配置，冗余I/O测点应分配在不同模件上，任一测点采集故障不应影响其他冗余测点采集。测点分通道接入汽轮机ETS系统，以防止分散控制系统控制、保护失灵事故。

(7) 第5.7.1.1项，电厂二期煤场东侧挡风墙部分彩钢板存在锈蚀固定不可靠，个别已经脱落，下方有人车进出，存在安全隐患。建议对二期煤场东侧及其他部位的挡风墙彩钢板存在锈蚀固定不可靠脱落隐患进行排查加固，防止脱落伤人。

(8) 第5.7.2.1项，电厂脱硫设备部分管道介质名称、色标或色环及流向标志不完善、不清晰；企业生产楼南侧马路个别十字路口、丁字路口处无限速标牌；企业二期个别马路上方管架无限高限宽标识。建议完善发电企业生产设备管道介质名称、色标或色环及流向标志；在生产区域马路十字路口、丁字路口处设置限速标牌；在马路上方管架设置限高限宽标识。

(9) 第5.8.4项，启动备用变压器铁芯接地电流超标被电厂评估为重大安全隐患，但未严格落实隐患排查治理“五落实”（即隐患整改责任、措施、资金、时限、预案）要求。建议按照企业安全风险分级管控和隐患排查治理管理相关制度，将未整改隐患列入年度隐患排查治理情况统计中，制定整改措施、明确责任人、落实完成时间，进行监督整改，对重大隐患实行挂牌督办，加强重大安全隐患监控，达到闭环管理的要求，切实做好本质安全工作。

四、安全生产标准化未来实践之路还有哪些？

上述通过一个发电企业的安全生产化标准现场评审案例，详细说明了安全生产标准化在有关行业的实践及其意义，重在说明两个问题：

一是未在《企业安全生产标准化建设定级办法》（应急〔2021〕83号）列明的行业，如本文所述案例属于电力行业，如何在《企业安全生产标准化基本规范》（GB/T 33000—2016）的基础上，通过行业制修订安全生产标准化标准、评定标准，开展安全生产标准化评审定级工作，是非常有借鉴意义的安全生产标准化定级之路，还比如针对楼宇企业（如科研企业）的安全生产标准化如何建设、达标评级，其实也是值得探索的新兴业态，如浙江省杭州市试行出台了楼宇综合管理型企业、楼宇生产及科研型企业、楼宇贸易办公型企业等安全生产标准化评定标准，是非常积极的探索之路。

二是通过一个定级评审实务的案例，突出说明企业安全生产标准化建设的重要意义，有利于及时发现安全生产工作存在的问题并给出整改措施建议，有利于进一步落实安全生产的企业主体责任，全面贯彻落实安全生产法律法规。值得一提的是，安全生产标准化建设中对风险分级管控和隐患排查治理双重机制有非常系统的规范，在加强企业安全生产标准化建设的过程中，也必将有利于双重预防机制更加迅速、更加有效落地。

12 安全评价

安全评价也称风险评价或危险评价，以实现工程（项目）或系统安全为目的，应用安全系统工程原理和方法，对工程（项目）或系统中存在的危险有害因素进行辨识与分析，判断工程（项目）或系统发生事故和职业危害的可能性及其严重程度，从而为制定防范措施和管理决策提供科学依据。新《安全生产法》共有3条涉及安全评价，分别是第三十二条、第七十二条以及第九十二条，其内容包括哪些项目需要进行安全评价（第三十二条）、安全评价机构的法定要求是什么（第七十二条）及其违规如何追责（第九十二条）。具体描述如下：

(1) 矿山、金属冶炼建设项目和用于生产、储存、装卸危险物品的建设项目，应当按照国家有关规定进行安全评价。

(2) 承担安全评价、认证、检测、检验职责的机构应当具备国家规定的资质条件，并对其作出的安全评价、认证、检测、检验结果的合法性、真实性负责。资质条件由国务院应急管理部门会同国务院有关部门制定。承担安全评价、认证、检测、检验职责的机构应当建立并实施服务公开和报告公开制度，不得租借资质、挂靠、出具虚假报告。

(3) 承担安全评价、认证、检测、检验职责的机构出具失实报告的，责令停业整顿，并处三万元以上十万元以下的罚款；给他人造成损害的，依法承担赔偿责任。承担安全评价、认证、检测、检验职责的机构租借资质、挂靠、出具虚假报告的，没收违法所得；违法所得在十万元以上的，并处违法所得二倍以上五倍以下的罚款，没有违法所得或者违法所得不足十万元的，单处或者并处十万元以上二十万元以下的罚款；对其直接负责的主管人员和其他直接责任人员处五万元以上十万元以下的罚款；给他人造成损害的，与生产经营单位承担连带赔偿责任；构成犯罪的，依照刑法有关规定追究刑事责任。对有违法行为的机构及其直接责任人员，吊销其相应资质和资格，五年内不得从事安全评价、认证、检测、检验等工作；情节严重的，实行终身行业和职业禁入。

一般地，安全评价包含安全预评价、安全验收评价、安全现状评价，具体地讲：

（1）安全预评价是在建设项目可行性研究阶段，根据相关的基础资料，辨识与分析建设项目潜在的危险、有害因素，确定其与安全生产法律法规、标准、行政规章、规范的符合性，预测发生事故的可能性及其严重程度，提出科学、合理、可行的安全对策措施建议，作出安全评价结论，为建设项目初步设计提供科学依据。

（2）安全验收评价是在建设项目竣工后，通过检查建设项目安全设施"三同时"的情况，检查安全生产管理措施到位情况，检查安全生产规章制度健全情况，检查事故应急救援预案建立情况，审查确定建设项目满足安全生产法律法规、标准、规范要求的符合性，从整体上确定建设项目安全设施的运行状况和安全管理情况，作出安全验收评价结论，以满足安全生产要求。安全验收评价前，建设项目安全设施竣工或者试运行完成，安全设施设计、施工、监理资料齐全，建设单位（监理单位）组织对安全设施"三同时"工作进行自查验收，符合验收评价条件。安全验收评价应核实安全预评价中提出的安全对策措施建议的落实情况。

（3）安全现状评价是在系统生命周期内的生产运行期，通过对生产经营单位的生产设施、设备、装置实际运行状况及管理状况的调查、分析，运用安全系统工程的方法，进行危险、有害因素的识别及其危险度的评价，查找该系统生产运行中存在的事故隐患并判定其危险程度，提出合理可行的安全对策措施及建议，使系统在生产运行期内的安全风险控制在安全、合理的程度内。

更加广义的安全评价是法定安全评价的丰富外延，比如生产经营单位有计划组织的专业安全评估、专项安全评价等，其工作主线都是通过辨识企业存在的危险有害因素，确定风险等级，提出防范措施，消除事故隐患，降低事故风险，使企业安全风险处于可控的范围内，进而提高安全生产水平。为了实现安全评价目的，科学有效的安全评价方法选择尤为重要，根据评价目的，结合评价对象、评价范围及所能获取的信息数据情况，确定一种或几种适用的安全评价方法。

一、安全检查表法（Safety Check List，SCL）

安全检查表法是利用检查条款，按照相关法律法规标准规范等对已知的危险类别、设计缺陷以及一般的工艺设备、操作、管理相关的潜在危险性和有害性进行判别检查。安全检查表适用于对系统的大部分阶段进行分析、评价，主要对已经存在的对象进行评价，不能用于预评价。安全检查表多应用于建设项目的试生产阶段、工程实施阶段以及工程项目的正常运行阶段和拆除退役阶段，基本不用于建设项目的设计阶段和事故调查分析阶段。

实施安全检查表法的主要步骤包括：

（1）熟悉系统。包括系统的结构、功能、工艺流程、主要设备、操作条件、安全设施等。

（2）搜集资料。搜集有关安全法律法规标准规范、制度及本系统过去发生过事故的资料，作为编制安全检查表的依据。

（3）划分单元。按功能或结构将系统划分为子系统或单元，逐个分析潜在的危险因素。

（4）编制安全检查表。针对危险有害因素，依据有关法规、标准规定，参考过去事故的教训和经验确定安全检查表的检查要点、内容和为达到安全指标应在设计中采取的措施。

（5）开展检查。落实安全检查人员，将检查表列入相关安全检查管理制度，确保检查的有效实施，同时注意信息的反馈与整改。

（6）编制检查分析结果文件，有关提高过程安全性的建议与恰当的解释都应写入分析报告。

综合来看，安全检查表法能够事先编制检查表，有充分的时间组织有经验的人员来编写，不至于遗漏能导致危险的关键因素；安全检查表采用提问的方式，有问有答，给人的印象深刻，能使人知道如何做才是正确的，因而可起到安全教育的作用；编制安全检查表的过程本身就是一个系统安全分析的过程，使检查人员对系统的认识更深刻，更便于发现危险因素。不过，安全检查表法只能进行定性评价，不能进行定量评价，同时安全检查表的质量受编制人员的知识水平和经验影响，评价人员根据经验编制的安全检查表，具有一定的片面性和主观性。

二、工作危害分析（Job Hazard Analysis，JHA）

工作危害分析是一种安全风险分析方法，适合于对作业活动中存在的风险进行分析，制定风险控制和改进措施，以达到控制风险、减少和杜绝事故的目标。开展工作危害分析，首先应识别作业活动中的危险有害因素。识别作业活动过程中的危险有害因素通常要划分作业活动，作业活动的划分可以按生产流程的阶段、地理区域、装置、作业任务、生产阶段、部门划分或者将上述方法结合起来进行划分。比如进入受限空间、储罐内部清洗作业，带压堵漏，物料搬运，机（泵）械的组装操作、维护、改装、修理，药剂配制，取样分析，承包商现场作业，吊装等皆属作业活动。

通过将作业活动分解为若干个相连的工作步骤，识别每个步骤的潜在危险、有害因素，然后通过风险评价，判定风险等级，制定控制措施。作业步骤应按实际作业步骤划分，划分不能过粗，也不能过细，能让人明白这项工作是如何进行的，对操作人员能起到指导作用为宜。工作危害分析的主要目的是防止从事此项作业的人员受伤害，也不能使他人受到伤害，同时不能使设备和其他系统受到影响或损害。值得注意的是，分析时既要分析作业人员工作不规范的危险、有害因素，也要分析作业环境存在的潜在危险有害因素和工作本身面临的危险、有害因素。

三、预先危险性分析（Preliminary Hazard Analysis，PHA）

预先危险性分析又称初步危险分析，如果分析一个庞大的现有装置或对环境无法使用更为系统的方法时，PHA 技术非常有用。PHA 技术主要应用于工艺装置的概念设计阶段、工厂选址阶段以及项目发展过程的初期，即在进行某项工程活动之前，对系统存在的各种危险因素、出现条件和事故可能造成的后果进行宏观分析、概略分析的安全评价方法。通过对生产装置及工艺、设备的安全性进行危险性预先分析，辨别工艺或装置的危险部位、主要危险特性及可能导致重大事故的缺陷和隐患，防止这些危险发展成为事故。

预先危险性分析的实施步骤主要包括：

（1）对系统进行调查，收集、熟悉系统的生产目的、物料、装置和设备、工艺过程、操作条件以及周围环境等。

（2）分析可能发生的事故类型。

（3）编制预先危险性分析表格，包括识别出来的危险、危险产生的原因、主要后果、危险等级以及改正或预防措施。

（4）确定触发条件或诱发因素。

（5）进行危险性分级。

（6）提出预防性对策措施。

分析过程中，应着重考虑危险物料和设备、设备与物料之间与安全有关的隔离装置、影响设备和物料的环境因素、操作、测试、维修及紧急处置规程、辅助设施，如储槽、测试设备、培训设施、公用工程以及与安全有关的设备，如调节系统、备用设备、灭火及人员保护设备等。

预先危险性分析危险等级划分可参考表 3-12。

表 3-12　　预先危险性分析危险等级划分参考

级别	危险程度	可能导致的后果	措施
1	安全的	不会造成人员伤亡及系统损坏	暂不需要
2	临界的	处于事故的边缘状态，暂时还不至于造成人员伤亡、系统损坏或降低系统性能	应予以排除或采取控制措施
3	危险的	会造成人员伤亡和系统损坏	立即采取防范对策
4	灾难性的	造成人员重大伤亡及系统严重破坏的灾难性事故	予以果断排除并进行重点防范

通过预先危险性分析，可以实现识别主要危险、分析产生危险的主要原因、预测事故可能发生的后果、判定危险性等级，并提出对策措施，分析示例如表 3-13 所示。

表 3-13　　预先危险性分析示例

工序	危险因素	原因	后果	危险等级	预防措施
清除油品	地下室油气浓度达到爆炸极限	碰撞、摩擦火花、电气火花	引起爆炸、火灾，造成人员伤亡和财产损失	二级	通风检测，作业人员不得穿化纤衣服，不得穿钉鞋，作业时严禁撞击，使用防爆电气设备；加强作业过程检查，及时制止违章操作等
……					

四、故障类型及影响分析（Failure Mode and Effect Analysis，FMEA）

故障类型及影响分析是由可靠性工程发展起来的，主要分析系统、产品的可靠性和安全性。其基本内容是查出各子系统或元件可能发生的各种故障类型，并分析它们对系统或产品功能造成的影响，提出可能采取的预防改进措施，以提高系统或产品的可靠性和安全性，是一种广泛使用的、非常重要的系统安全分析方法。该方法是从部件分析到故障，分析过程从原因到结果，侧重于建立上下级的逻辑关系，便于掌握，对设备等硬件设施的分析能力较强。

故障类型及影响分析的实施步骤包括：

（1）明确系统本身情况和目的。

（2）确定分析程度和水平。

（3）绘制系统图和可靠性框图。

（4）列出所有的故障类型并选出对系统有影响的故障类型及提出防范故障的措施。

（5）列出造成故障的原因。

故障类型及影响分析实施步骤示意如图 3 - 2 所示。

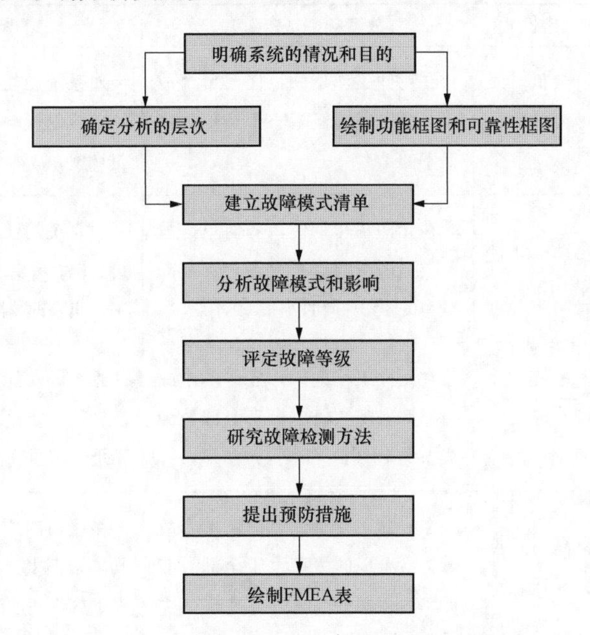

图 3 - 2　故障类型及影响分析实施步骤示意

使用故障类型及影响分析法时，需要收集的资料主要包括系统或装置的工艺管理仪表流程图（PID），设备、配件一览表，设备功能及故障模式方面的知识，系统或装置功能，设备装置故障处理的方法等。

故障等级划分可参考表3-14。

表3-14　故障等级划分参考

故障等级	影响程度	可能造成的损失
1	致命性	可造成死亡或系统毁坏
2	严重性	可造成严重伤害、严重职业病或主系统损坏
3	临界性	可造成轻伤、轻职业病或次要系统损坏
4	可忽略性	不会造成伤害和职业病，系统不会受到损坏

可以采用风险矩阵法估算故障发生的频率和严重度，如表3-15所示。

表3-15　故障发生频率及严重程度等级划分示例

等级	故障频率（定性）	故障频率（定量）	严重度
1	故障概率很低，元件操作期间出现的机会可以忽略	在元件工作期间，任何单个故障类型出现的概率小于全部故障概率的1%	对系统无任务影响；对子系统造成的影响可忽略不计；通过调整，故障易于消除
2	故障概率低，元件操作期间不易出现	在元件工作期间，任何单个故障类型出现的概率大于全部故障概率的1%，同时小于10%	对系统的任务虽有影响，但可忽略；导致子系统的功能下降；出现的故障能够立即修复
3	故障概率中等，元件操作期间出现的机会为1/2	在元件工作期间，任何单个故障类型出现的概率大于全部故障概率的10%，同时小于20%	系统的功能有所下降；子系统功能严重下降；出现的故障不能立即通过检修予以修复
4	故障概率高，元件操作期间易于出现	在元件工作期间，任何单个故障类型出现的概率大于全部故障概率的20%	系统功能严重下降；子系统功能全部丧失；出现的故障需经彻底修理才能消除

通过故障类型及影响分析，最终以FMEA表呈现分析结果，如表3-16所示。

表 3-16　　故障类型及影响分析结果文件表格示例

系统或设备装置	故障类型	推断原因	对系统或子系统的影响	故障等级	预防措施
……					

如果故障等级为 1 级，可采用致命度分析方法（CA）进一步分析，表示元件运行 100 万 h（次）发生的故障次数，即

$$C_r = \sum_{1}^{i} \alpha\beta K_A K_E \lambda_G t \times 10^6$$

式中　i——元件故障类型数；

α——故障类型所占比例；

β——发生故障时会造成致命影响的发生概率，取值参考见表 3-17；

K_A——元件故障率测定值与实际运行时的强度修正系数；

K_E——元件故障率测定值与实际运行时的环境条件修正系数；

λ_G——单位时间（周期）的故障次数，一般指元件故障率；

t——完成一项任务元件运行的小时数（周期次数）。

表 3-17　　发生故障时会造成致命影响的发生概率 β 取值参考

会造成致命影响的发生概率	概率取值	会造成致命影响的发生概率	概率取值
实际损失	1.0	可能损失	0～0.1
可预计损失	0.1～1.0	无影响	0

五、事故树分析（Failure Tree Analysis，FTA）

事故树分析是系统安全分析中最重要的分析方法之一，通过事故树（故障树）表示故障事件发生原因及其逻辑关系，其分析可以是定性的，也可以是定量的。该方法最早由美国贝尔电话实验室 H. A. Watson 提出，用于民兵式导弹发射控制系统的可靠性分析，后延伸到各个领域广泛应用。事故树分析的理论基础是布尔代数，不但可以提供解决问题的方法，还可提供解决系统安全问题的思路。

1. 定性分析

在事故树的定性分析方面，通过分析事故树的结构，求出事故树的最小割集和最小径集，从中得到基本事件与顶上事件的逻辑关系，即结构函数。主要步骤包括：

（1）化简事故树。一般通过布尔代数化简法对编制好的事故树进行化简，得到基本事件的逻辑关系。

（2）求最小割集。割集指事故树中某些基本事件的集合，当这些事件均发生时，顶上事件必然发生。能够引起顶上事件发生的最低限度的基本事件的集合，称为最小割集。最小割集表明系统的危险性，每个最小割集都是顶上事件发生的可能渠道。最小割集数目越多，系统越危险。事故发生必然是某个最小割集中几个事件同时存在的结果。根据最小割集可以掌握事故发生的各种可能和规律，为采取预防和控制措施提供可靠依据。

最小割集对事故树分析是非常重要的，只要控制其最小割集中的各个基本事件不同时发生，就可以保证顶上事件不会发生，为事故预防和控制提供科学的依据。根据最小割集可以发现系统中的薄弱环节，直观判断出哪种模型最危险，哪些次之，为采取预防和控制措施提供优先顺序。

（3）求等价树和成功树。经过化简的事故树与原事故树在逻辑关系上是等价的，根据化简后的结构函数重新绘制的事故树，称之为等价树（或等效树）。此外，有时事故树过于复杂，成功树往往比较简单，便于分析，可以将事故树转化为成功树再进行分析。

通过以下两步进行转换：

1）用补事件代替原事件。

2）将与门换成或门，将或门换成与门。

利用同样的方法求取成功树的最小割集，对各基本事件求补，得到原事故树的最小径集。径集是指事故树中某些基本事件的集合，这些事件均不发生时，顶上事件必然不发生。如果故障树某些事件不发生，则顶上事件不发生的最低限度的集合，称为最小径集。最小径集表示系统的安全性，一个最小径集中基本事件不发生，就可使顶上事件不发生，只要控制一个最小径集不发生，顶上事件就不发生，所以为采取预防和控制措施提供最佳方案。最小径集数目越多，系统越安全。

2. 定量分析

在事故树的定量分析方面，获取基本事件的发生概率，是事故树进行定量分析的基础，一般可以通过事故统计或者试验观测得到。事故树定量分析包括求取顶上事件发生概率、结构重要度、概率重要度和临界重要度。

(1) 顶上事件发生概率。利用最小割集求顶上事件发生概率，即

$$g = \coprod_{r=1}^{k} \prod_{x_i \in k_r} q_i$$

式中　k——最小割集的个数；

r——最小割集的序号；

q_i——第 i 个基本事件的发生概率。

利用最小径集求顶上事件发生概率，即

$$g = \coprod_{j=1}^{p} [1 - \prod_{x_i \in p_j} (1 - q_i)]$$

式中　p——最小割集的个数；

j——最小割集的序号；

q_i——第 i 个基本事件的发生概率。

无论是利用割集计算还是利用径集计算，都要特别注意最小割集或最小径集中是否有重复的基本事件，如果有，必须先化简消除重复事件后才能代入数值进行计算，否则结果必然出错。

(2) 结构重要度。结构重要度分析是从事故树结构上分析各基本事件的重要程度，即不考虑各基本事件的发生概率，或者假定各基本事件发生的概率一致，由此分析各基本事件的发生对顶上事件发生所产生的影响程度。实际上，结构重要度的分析其本质也是定性的分析，而目前事故树分析由于基本事件发生概率获取较难，这种定性分析方法显得尤为重要。结构重要度分析时遵循以下四个原则：

1) 由单个基本事件组成的最小割集或最小径集，该基本事件的结构重要度最大。

2) 仅在同一个最小割集或最小径集的所有基本事件，且在其他最小割集

或最小径集中不再出现，则所有基本事件结构重要度相等。

3）若所有最小割集或最小径集包含的基本事件数量相等，则在不同的最小割集或最小径集中出现次数多者的基本事件，其结构重要度大，出现相等次数则其结构重要度一致，出现次数少者的基本事件，其结构重要度小。

4）其他较复杂的情况，按以下式子进行近似判别，即

$$I_{\Phi}(j)=\sum_{x_j \in G_r} \frac{1}{2^{n_j-1}}$$

式中 G_r——最小割集；

x_j——基本事件；

n_j——基本事件 x_j 所在的最小割集或最小径集中包含的基本事件的数目。

（3）概率重要度。概率重要度分析各基本事件发生概率的变化对顶上事件发生概率的影响程度。通过对顶上事件发生概率的结构函数求偏导得出相应基本事件的概率重要度系数，即

$$I_g(i)=\frac{\partial g}{\partial q_i}$$

式中 g——顶上事件发生概率的结构函数。

若所有基本事件的发生概率都等于 1/2 时，概率重要度系数等于结构重要度系数。此外，一个基本事件的概率重要度取决于它所在最小割集中其他基本事件的概率积的大小以及它在各个最小割集中重复出现的次数，而与它自身的概率值无关。

（4）临界重要度。一般情况下，减少概率大的基本事件的概率要比减少概率小的基本事件的概率容易，但概率重要度并没有反映出这一事实，所以它并不能从本质上揭示各基本事件在事故树中的重要程度。为了衡量本质上的影响程度，引入临界重要度，从敏感度和本身发生概率的双重角度进行计算，即

$$CI_g(i)=\frac{q_i}{g}I_g(i)$$

通过临界重要度分析，能真正反映事故树的本质，也更具有实际意义。

六、决策树分析（Decision Tree Analysis，DTA）

决策树分析是指分析每个决策或事件时，都引出两个或多个事件和不同的

结果，并把这种决策或事件的分支画成图形，这种图形很像一棵树的枝干，故称决策树分析法。

决策树由决策结点、机会结点与结点间的分枝连线组成。通常，人们用方框表示决策结点，用圆圈表示机会结点，从决策结点引出的分枝连线表示决策者可作出的选择，从机会结点引出的分枝连线表示机会结点所示事件发生的概率。在利用决策树分析安全问题时，应从决策树末端起，从后向前，步步推进到决策树的始端。在向前推进的过程中，应在每一阶段计算事件的发生概率（或安全期望值）。计算完毕后，开始对决策树进行剪枝，在每个决策结点删去除了最高期望值以外的其他所有分枝，最后步步推进到第一个决策结点，这时就找到了安全问题的最佳方案。类似于事件树，决策树开始于初因事项或最初决策，考虑随后可能发生的事项及可能作出的决策，它需要对不同路径和结果进行分析。

七、事件树分析（Event Tree Analysis，ETA）

事件树分析是安全系统工程中常用的一种归纳推理分析方法，起源于决策树分析，它是一种按事故发展的时间顺序由初始事件开始推论可能的后果，从而进行危险源辨识的方法。这种方法将系统可能发生的某种事故与导致事故发生的各种原因之间的逻辑关系用一种称为事件树的树形图表示，通过对事件树的定性与定量分析，找出事故发生的主要原因，为确定安全对策提供可靠依据，以达到猜测与预防事故发生的目的。事件树分析的具体步骤包括：

（1）确定可能引发感兴趣事故的初始事件。初始事件是事故在未发生时，其发展过程中的危害事件或危险事件，如机器故障、设备损坏、能量外逸或失控、人的误动作等，正确选择初始事件非常重要，可以根据系统设计、系统危险性评价、系统运行经验或事故经验等确定，也可以根据系统重大故障或事故树分析，从其中间事件或初始事件中选择。

（2）识别能消除初发事件的安全设计功能。系统中包含许多安全功能，在初始事件发生时消除或减轻其影响以维持系统的安全运行，常见的安全功能包括：对初始事件自动采取控制措施的系统，如自动停车系统等；提醒操作者初始事件发生了的报警系统；根据报警或工作程序要求操作者采取的措施；缓冲装置，如减振、压力泄放系统或排放系统等；局限或屏蔽措施等。

（3）编制事件树。从初始事件开始，按事件发展过程自左向右绘制事件树，用树枝代表事件发展途径。首先考察初始事件一旦发生时最先起作用的安全功能，把可以发挥功能的状态画在上面的分枝，不能发挥功能的状态画在下面的分枝。然后依次考察各种安全功能的两种可能状态，把发挥功能的状态（又称成功状态）画在上面的分枝，把不能发挥功能的状态（又称失败状态）画在下面的分枝，直到到达系统故障或事故为止。在绘制事件树时，要在每个树枝上写出事件状态，树枝横线上面写明事件过程内容特征，横线下面注明成功或失败的状况说明。

（4）描述导致事故顺序情况。

（5）确定事故顺序的最小割集。在绘制事件树的过程中，可能会遇到一些与初始事件或与事故无关的安全功能，或者其功能关系相互矛盾、不协调的情况，需用工程知识和系统设计的知识予以辨别，然后从树枝中去掉，即构成简化的事件树，作为事件树分析的基础。

（6）编制分析结果。

1）在事件树的定性分析方面，主要是找出事故连锁，并提出预防措施。

a. 找出事故连锁。事件树的各分枝代表初始事件一旦发生其可能的发展途径。其中，最终导致事故的途径即为事故连锁。一般地，导致系统事故的途径有很多，即有许多事故连锁。事故连锁中包含的初始事件和安全功能故障的后续事件之间具有“逻辑与”的关系，显然，事故连锁越多，系统越危险；事故连锁中事件树越少，系统越危险。

b. 找出预防事故的途径。事件树中最终达到安全的途径就是预防事故的一种方法。在达到安全的途径中，发挥安全功能的事件构成事件树的成功连锁。如果能保证这些安全功能发挥作用，则可以防止事故发生。一般地，事件树中包含的成功连锁可能有多个，即可以通过若干途径来防止事故发生。显然，成功连锁越多，系统越安全；成功连锁中事件树越少，系统越安全。由于事件树反映了事件之间的时间顺序，所以应该尽可能地从最先发挥功能的安全功能着手。

2）在事件树的定量分析方面，主要包括事故发生发展概率计算及预防措施。

a. 各发展途径的概率。各发展途径的概率等于自初始事件开始的各事件发生概率的乘积。根据每一事件的发生概率，计算各种途径的事故发生概率，比较各个途径概率值的大小，作出事故发生可能性序列，确定最易发生事故的途径。

b. 事故发生概率。事件树定量分析中，事故发生概率等于导致事故的各发展途径的概率和。定量分析要有事件概率数据作为计算的依据，而且事件过程的状态又是多种多样的，一般都因缺少概率数据而不能实现定量分析。

c. 事故预防。事件树分析把事故的发生发展过程表述得清楚而有条理，为设计事故预防方案，制定事故预防措施提供了有力的依据。从事件树上可以看出，最后的事故是一系列危害和危险的发展结果，如果中断这种发展过程就可以避免事故发生。因此，在事故发展过程的各阶段，应采取各种可能措施，控制事件的可能性状态，减少危害状态出现概率，增大安全状态出现概率，把事件发展过程引向安全的发展途径。采取在事件不同发展阶段阻截事件向危险状态转化的措施，最好在事件发展前期过程实现，从而产生阻截多种事故发生的效果。但有时因为技术经济等原因无法控制，这时就要在事件发展后期过程采取控制措施。显然，要在各条事件发展途径上都采取措施才行。

八、保护层分析（Layer of Protection Analysis，LOPA）

保护层分析是半定量的工艺危害分析方法之一。用于确定发现的危险场景的危险程度，定量计算危害发生的概率、已有保护层的保护能力及失效概率，如果发现保护措施不足，可以推算出需要的保护措施的等级。保护层分析是由事件树分析发展而来的一种风险分析技术，作为辨识和评估风险的半定量工具，是沟通定性分析和定量分析的重要桥梁与纽带。保护层分析耗费的时间比定量分析少，能够集中研究后果严重或高频率事件，善于识别、揭示事故场景的始发事件及深层次原因，集中了定性和定量分析的优点，易于理解，便于操作，客观性强，用于较复杂事故场景效果甚佳。因此，在工业实践中一般在定性的危害分析如危险和可操作研究（HAZOP）、安全检查表法（SCL）等完成之后，对得到的结果中过于复杂的、过于危险的以及提出了安全仪表系统（Safety Instrumentation System，SIS）要求的部分进行保护层分析，如果结果仍不足以支持最终的决策，则会进一步考虑如概率风险技术（PRA）等定量分析方法。

LOPA先分析未采取独立保护层之前的风险水平，通过参照一定的风险容许准则，再评估各种独立保护层将风险降低的程度，其基本特点是基于事故场景进行风险研究。保护层是一类安全保护措施，它是能有效阻止始发事件演变为事故的设备、系统或者动作。兼具独立性、有效性和可审计性的保护层称为独立保护层（Independent Protection Layer，IPL），它既独立于始发事件，也独立于其他独立保护层。正确识别和选取独立保护层是完成LOPA分析的重点内容之一。典型化工装置的独立保护层呈“洋葱”形分布，如图3-3所示，从内到外一般设计为：过程设计、基本过程控制系统、警报与人员干预、安全仪表系统、物理防护、释放后物理防护、工厂紧急响应以及社区应急响应等。

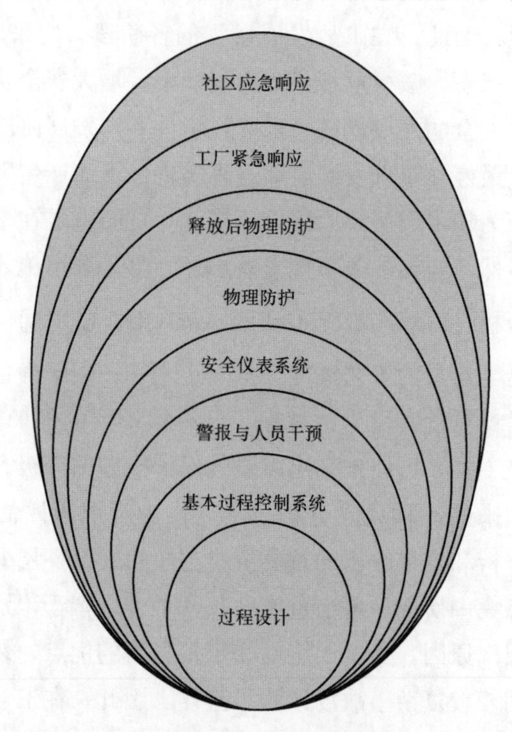

图3-3 典型化工装置的独立保护层

九、作业条件危险性分析（*LEC*）

对于一个具有潜在危险性的作业条件，主要有三个因素影响作业条件的危险性，包括事故发生的可能性（L）、人员暴露于危险环境的频繁程度（E）以及事故可能产生的后果（C）。

（1）L（Likelihood）：发生事故或危险事件的可能性，必然发生事故的概率是1，绝对不可能发生事故概率是0，人为地将发生事故可能性极小的分数取值为0.1，必然会发生的事故分数取值为10，介于0.1和10之间的情况就是若干中间值，如表3-18所示。

表3-18　　可能性的取值参考（*L*）

分值	发生事故的可能性	具体描述
10	完全可能预料	已经发生过类似事故或事件，且没有采取防护措施
6	相当可能	已经发生过类似事故或事件，虽采取防护措施，但仍有隐患
3	可能，但不经常	其他企业发生过类似事件，本企业也存在导致类似事故发生的条件
1	可能性小，可以设想	有预警系统，危险一旦发生能及时发现，并备有应急措施
0.5	很不可能，可以设想	有充分有效的管控措施
0.2	极不可能	
0.1	实际不可能	

（2）E（Exposure）：人员暴露于危险环境中的频繁程度，如果人出现在危险环境中的事件越多，那么危险性就会越大，连续出现在危险环境的情况取值为10，非常少出现在危险环境中的取值为0.5，介于两个中间的就是若干中间值，如表3-19所示。

表3-19　　暴露于危险环境频繁程度的取值参考（*E*）

分值	暴露的频繁程度	具体描述
10	非常频繁	连续暴露
6	相当频繁	每天工作时间内暴露
3	一般频繁	每周一次或偶然暴露
2	不频繁	每月一次暴露
1	频率很低	每年几次暴露
0.5	几乎没有	非常罕见暴露

(3) C (Consequence)：事故一旦发生可能产生的后果，事故已经造成了人身伤害和财产损失变化范围很大的，规定分数值在1～100之间，轻微伤害较小是1，人员伤亡非常大是100，如表3-20所示。

表3-20　事故发生严重性的取值参考（C）

分值	严重性程度	具体表现
100	大灾难	许多人死亡
40	灾难	数人死亡
15	非常严重	一人死亡
7	严重	严重伤害
3	重大	致残
1	一般	需要救护

作业岗位的危险性评价由三者乘积组成，即

$$D=LEC$$

根据计算值，划分危险等级，如表3-21所示。

表3-21　作业条件危险性等级划分参考

分值	危险性程度	具体描述
>320	极其危险	不能继续作业
160～320	高度危险	需要立即整改
70～160	显著危险	需要整改
20～70	可能危险	需要注意
≤20	稍有危险	或许可以接受

这种方法简单易行，对危险程度的级别划分比较清晰醒目，但它是一种作业的局部评价，不能普遍适用于整个系统，三个参数也是根据经验赋值，具有一定的局限性。在具体应用时，还可根据自己的经验及具体情况适当加以修正，如加入管理因素的改进型作业条件分析法（M-LEC），即

$$D=M\times LEC$$

式中　M——管理因素影响因子，包括人员、设备、环境等。

十、风险矩阵法（Risk Matrix，RM）

风险矩阵法是一种能够通过风险发生的可能性和伤害的严重程度，综合评估风险大小的定性的风险评估分析方法。它是一种风险可视化的工具，主要用于风险评估领域。常用一个二维的表格，对风险进行半定性的分析，操作简便快捷，应用广泛。一般地，将潜在危害事件后果的严重性划分为5级，将潜在危险事件发生的可能性划分为5级，以严重性为矩阵行，可能性为矩阵列，具体取值参考如表3-22所示，构建一个风险矩阵，在行和列的交叉点上给出一个定性的加权指数，代表一个风险等级。

表3-22　风险矩阵法可能性与严重性取值参考

可能性		严重性				
		无害	轻微伤害	一般伤害	严重伤害	人员伤亡
等级	级别	1	2	3	4	5
极不可能	1	1	2	3	4	5
不太可能	2	2	4	6	8	10
有一定可能	3	3	6	9	12	15
有可能	4	4	8	12	16	20
很有可能	5	5	10	15	20	25

具体地，风险矩阵分析步骤包括：

（1）确定等级。

（2）收集资料。

（3）分析危险因素。

（4）确定风险等级。

（5）选择控制措施。

（6）填写矩阵分析表。

十一、故障假设分析法（What-If）

从英文翻译角度看，故障假设分析法也称为“如果，怎么样法”，对研究对象，在每一个操作或操作步骤上，都设定“如果……，怎么样”的问题和答案，以便评估故障部位或步骤错误对过程的影响。识别危险有害因素，并提出由此可能产生的意想不到的结果，通常由经验丰富的人员完成，对工艺规程熟知，一般由2～3 名评价人员完成，并根据存在的安全措施等条件提出降低危险性的建议。故障假设分析法包括检查设计、安装、技改或操作过程中可能产生的偏差，对可能导致事故的设计偏差进行整合。故障假设分析法使用灵活，适用范围广，可以用于工程、系统的各个阶段，具体示例分析如表 3 - 23 所示。

表 3 - 23　　故障假设分析法参考示例

故障假设分析问题	危险/后果	已有保护措施	建议	负责人
氯气供料管线破裂	液氯逃逸，并在周围形成氯气气雾，可能引发燃烧爆炸	氯气监测、意外燃烧控制、安全培训	管线定期巡查，氯气检测报警仪	
……				

通过故障假设分析法，首先提出一系列问题，然后回答这些问题，识别危险有害因素，并提出由此可能产生的意想不到的结果。包括三个步骤：

（1）分析准备，包括人员组成（一般 2～3 人）、确定分析目标、资料准备、准备基本问题。

（2）按照准备好的问题，从工艺进料开始进行分析，找出危险、可能产生的后果，现有的安全保护措施及可能的解决方案。

（3）编制分析结果文件，提出消除或减少危险性，提高过程安全性的建议。

十二、故障假设/检查表分析法（What - If/Safety Checklist Analysis）

对于比较复杂的过程，将故障假设分析法结合预先设计好的一套检查表，通过由丰富经验或熟悉评估分析的评价人员完成检查表分析，依据有关法律法规和过去积累的经验，制定检查要点，进行逐项检查，包括审查操作工人在现场的实践和工作方面的知识，分析结构材质与设备的适应性，控制系统、操作与维修记录等，发挥出故障假设分析的创造性和基于经验的安全检查表分析的完整性，发挥各自优势，弥补单独使用的不足。一方面，对某些过程缺乏经验，利用故障假设分析的创造性，最大程度地考虑可能的事故情况；另一方面，安全检查表可以弥补故障假设分析的不系统、不完整，促进完整地对过程的设计、操作规程等进行安全性分析。

故障假设/检查表分析的目的在于识别潜在危险，考虑工艺或活动中可能发生事故的类型，定性评价事故的可能后果，确定现有的安全设施是否能防止潜在事故的发生，同时提出降低或消除工艺操作危险的防护措施。

分析步骤主要包括：

（1）分析准备。组建分析组，明确任务和目标，同时获得或建立合适的安全检查表，以便能与故障假设分析配合使用，安全检查表重心放在工艺或操作的主要危险特征上。

（2）构建一系列的故障假设问题与项目。

（3）使用安全检查表进行补充，将使用获得的安全检查表对拟分析问题和项目进行补充和修改，按照每个安全检查表项目看是否还有其他的可能事故情况，如果有，按照故障假设问题的统一思路进行分析。值得注意的是，在使用安全检查表之前要尽可能多地提出假设故障，不受安全检查表限制；当然，有些情况需要一开始就使用安全检查表，去构建故障假设问题和项目也能得到很好的结果，特别是那些不使用安全检查表就可能考虑不到的问题和项目。

（4）分析每个问题与项目，分析每种事故情况，定性确定事故的可能后果，列出现有的安全保护措施和预防措施，确定是否建议采用特殊的安全改进措施。

（5）编制分析结果文件，包括故障情况、后果、已有安全保护措施、提高安全性建议，通常以表格形式呈现。

十三、DOW 火灾爆炸指数法

道化学公司（The DOW Chemical Company）首先提出火灾与爆炸危险指数（Fire and Explosion Index，$F\&EI$），被化学工业界公认为最主要的危险指数。通过 DOW 化学火灾爆炸指数法，对工艺装置及所含物料的潜在火灾、爆炸和反应性危险进行评价。评价依据主要基于以往事故的统计资料、物质潜在能量以及现行安全防灾措施状况。其使用范围：评价单元所处理的易燃、可燃或化学活性物质的最低量为 2268kg 或 2.27m^2，若单元内物料量较少，评价结果往往会夸大其危险性。对于中间规模的实验工厂，所处理的易燃、可燃或化学活性物质的量不低于454kg或0.454m^2。

具体步骤包括：

（1）确定评价单元。

（2）求取单元内的物质系数（MF）。

（3）按照单元的工艺条件，选用适当的危险系数，包括一般工艺危险系数F_1和特殊工艺危险系数F_2，具体如表3-24所示。

表3-24　一般工艺和特殊工艺类型

一般工艺危险系数F_1	特殊工艺危险系数F_2	一般工艺危险系数F_1	特殊工艺危险系数F_2
放热化学反应	毒性		易燃及不稳定物质量
吸热反应	负压		腐蚀与磨损
物料处理与输运	接近易燃范围的操作：惰性化、未惰性化		泄漏——接头和填料
密闭式或室内工艺单元	粉尘爆炸		使用明火设备
通道	压力		热油、热交换系统
排放和泄漏控制	低温		传动设备

（4）求取工艺单元危险系数F_3，该系数不大于8。

（5）计算火灾爆炸危险指数（$F\&EI$），根据火灾爆炸危险指数及危险等级表确定单元的危险程度，完成单元危险度的初期评价，即

$$F\&EI = F_3 \times MF$$

（6）根据单元内配备的安全设施，选取各项系数，求出安全补偿系数，具体安全补偿类型如表3-25所示。

$$C = C_1 C_2 C_3$$

表3-25　安全补偿类型

工艺控制C_1	物质隔离C_2	防火设施C_3
应急电源	遥控阀	泄漏检验装置
冷却装置	卸料/排空装置	钢结构
抑爆装置	排放系统	消防水供应系统
紧急切断装置	连锁装置	特殊灭火系统

续表

工艺控制 C_1	物质隔离 C_2	防火设施 C_3
计算机控制		洒水灭火系统
惰性气体保护		水幕
操作规程/程序		泡沫灭火装置
化学活泼性物质检查		手提式灭火器和喷水枪
其他工艺危险分析		电缆防护

（7）确定补充后的单元危险程度（危险等级），具体划分标准如表3-26所示，根据火灾爆炸危险指数计算单元的暴露区域半径及暴露面积。

表3-26　　DOW道化学方法危险程度与危险等级划分

F&EI 值	1～60	61～96	97～127	128～158	＞158
危险程度	最低	较低	中等	高	非常高
危险等级	1	2	3	4	5

暴露半径为

$$R = F\&EI \times 0.84 \times 0.3048$$

暴露面积为

$$S = \pi R^2$$

（8）确定暴露区域内财产的更换价值 A、基本最大可能财产损失（基本 $MPPD$）、实际最大可能财产损失（实际 $MPPD$）以及最大可能工作日损失（$MPDO$）和停产损失（BI）。

$$A = \text{暴露区域内财产总值} \times 0.82 \times \text{折旧（增值）系数}$$

其中，0.82是经验值，扣除了未被破坏的道路、地下管道、基础的损失系数。

$$\text{基本}\ MPPD = 0.84A$$

实际最大可能财产损失表示在采取适当的防护措施后，事故造成的财产损失，然而如果这些防护装置出现故障和失效，则实际损失值将接近于基本最大可能财产损失。

$$\text{实际}\ MPPD = \text{基本}\ MPPD \times C$$

最大可能工作日损失 $MPDO$ 比实际 $MPPD$ 还要大，影响的因素也很多，如损坏的设备是否有备件、采购备件的远近和难易程度等。

停产损失为

$$BI = \frac{MPDO}{30} \times VPM \times 0.70$$

式中 VPM——平均月产值；

0.70——固定成本和利润占产值的比例。

DOW 道化学分析步骤如图 3-4 所示。

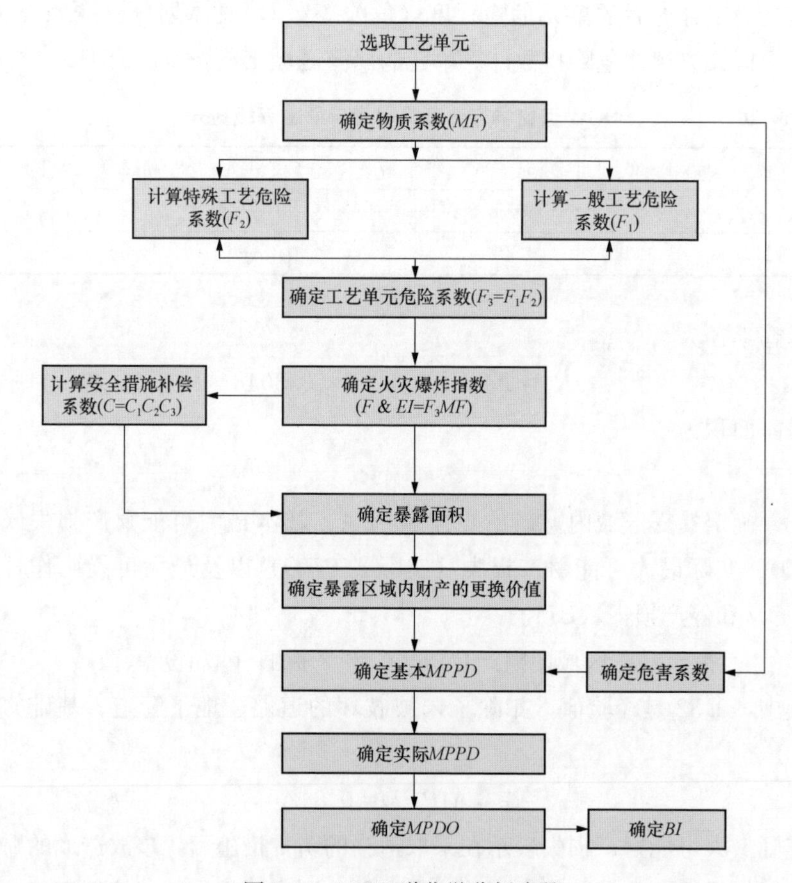

图 3-4 DOW 道化学分析步骤

十四、危险和可操作性研究（Hazard and Operability Analysis，HAZOP）

HAZOP分析方法是一种用于辨识设计缺陷、工艺过程危害及操作性问题结构化的分析方法，从分析节点到行动落实，一层包着一层，像洋葱一样，如图3-5所示。

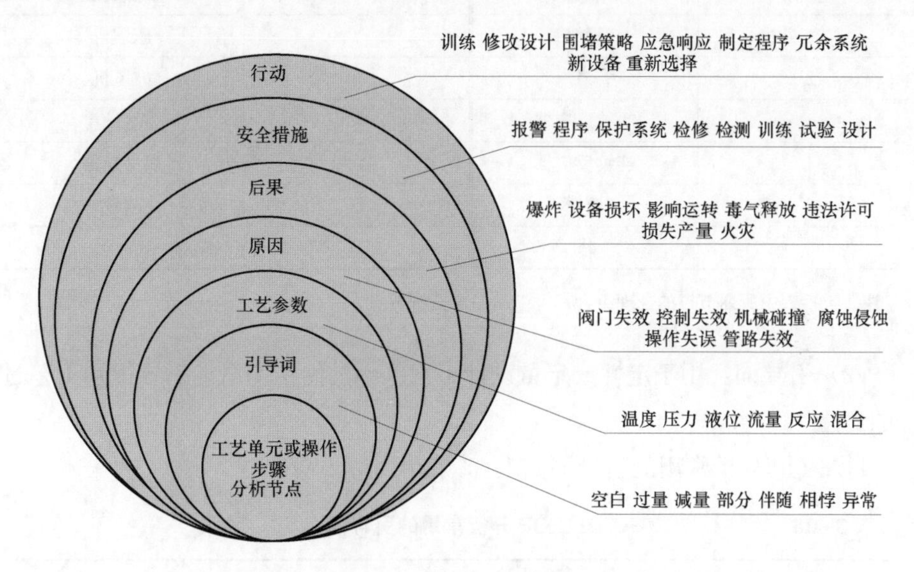

图3-5　HAZOP洋葱图

通过一系列会议对工艺图纸和操作规程进行分析，是HAZOP分析的实质。对于大型的、复杂的工艺过程，一般由5～7人组成，包括设计、工艺、操作、维修、设备、仪表、控制、电气、安全、公用工程等，而相对较小的工艺过程，一般由3～4人组成。

1. 分析术语

着重了解以下几个分析术语：

（1）分析节点：即工艺单元（连续的工艺操作过程）和操作步骤（间歇操作过程），其中工艺单元是指具有确定边界的设备单元，如两个容器之间的管线，而操作步骤是指间歇过程中的不连续动作或者由HAZOP分析组分析的操作步骤，可能是手动、自动或计算机控制的操作。划分分析节点的基本原则是，按照工艺流程进行，从进入的PID管线开始，继续直至设计意图的变更，或直至工艺条件的改变，或直至下一个设备开启。

常见的分析节点如表 3-27 所示。

表 3-27　　HAZOP 常见的分析节点

序号	节点类型	序号	节点类型
1	管线	7	压缩机
2	泵	8	鼓风机
3	间歇反应器	9	熔炉
4	连续反应器	10	热交换器
5	槽罐	11	软管
6	塔		

注　包括表中所列节点的合理组合都可组成一个分析节点。

（2）引导词：用于定性或定量设计工艺指标的简单词语，引导识别工艺过程的危险。

HAZOP 分析常用的引导词如表 3-28 所示。

表 3-28　　HAZOP 分析常用的引导词

引导词	含义	说明
空白/无（NO）	对设计意图的否定	设计或操作要求的指标或事件完全不发生
减量（LESS）	数量减少	同标准值相比，数值偏小
过（MORE）	数量增加	同标准值相比，数值偏大
部分（PART OF）	质的减少	只有完成既定功能的一部分
伴随（AS WELL AS）	质的增加	在完成既定功能的同时，伴随多余事件发生
相悖（REVERSE）	设计意图的逻辑反面	出现和设计要求完全相反的事物
异常（OTHER THAN）	完全替代	出现和设计要求不相同的事物

（3）工艺参数：与工艺过程有关的物理和化学特性，包括概念性参数，如反应、混合、浓度、pH 值等，以及具体参数，如温度、压力、相数、流量等。

（4）工艺指标：工艺过程的正常操作条件，即设计希望的操作。

（5）偏差：通常使用“引导词+工艺参数”的形式，表达每个分析节点工艺参数偏离工艺指标的情况。用引导词来描述要分析的问题可以确保 HAZOP 分析方法的统一性，同时能够将要分析的问题系统化，应用一套完整的引导词，从而获得每个具有实际意义的偏差，而不会被遗漏。除了常用的“引导词＋工艺参数”方法外，还有基于偏差库的方法和基于知识的方法，基于偏差库的方法类似于基于引导词的方法，由 HAZOP 分析组织者或记录员对标准偏差库进行调查，确定每个节点或操作步骤的哪些偏差是适当的，形成要进行分析的偏差库；基于知识的方法是一种特殊的基于引导词的 HAZOP 分析，需要分析组成员熟悉大量设计标准，来自分析组的知识和特殊的检查表。

（6）原因：即发生偏差的原因，一旦找到发生偏差的原因，也就意味着找到了对付偏差的方法和手段，这些原因包括设备故障、人为失误、不可预料的工艺状态改变、外界干扰等。

（7）后果：即偏差造成的结果，主要分析已有的安全保护系统失效时，系统所造成的后果。

（8）安全措施：设计的工程系统或调节控制系统，用以避免或减轻偏差发生造成的后果，如报警、联锁、操作规程等。

（9）补充措施：修改设计、操作规程，或提出需要进一步分析研究的建议，如增加压力报警装置、改变操作步骤的顺序。

2. 分析记录表

常见的 HAZOP 分析记录表示例如表 3-29 所示。

表 3-29 常用的 HAZOP 分析记录表示例

序号	偏差	原因	后果	安全保护	建议措施

具体地，有 4 种表格形式，即：

（1）HAZOP 原因分析表，即从原因到原因分析法，原因、后果、安全保护、建议措施有准确的对应关系。

（2）HAZOP 偏差分析表，即从偏差到偏差分析法，所有的原因、后果、安全保护、建议措施都与一个特定的偏差联系在一起，但该偏差下单个的原因、后果、保护装置之间没有关系，该方法省时、文件简短。

（3）只有异常情况的 HAZOP 分析表，列出分析组认为原因可靠、后果严重的偏差 ，该方法分析时间和表格长度大大缩短，但分析不完整。

（4）只有建议措施的 HAZOP 分析表，只记录分析组作出的提高安全水平的措施建议，该方法能最大限度地减少 HAZOP 分析文件的长度，节省大量时间，但无法显示分析的质量。

3. 实施步骤

HAZOP 分析的实施步骤，如图 3-6 所示，具体包括：

（1）分析准备：确定分析目标和范围，收集资料，选择分析组，将资料变成适当的表格并拟定分析顺序，安排会议和 HAZOP 分析培训。

（2）HAZOP 分析：划分节点，解释工艺指标或操作步骤，确定有意义的偏差，对偏差进行分析。

（3）编制分析结果文件。

（4）行动方案落实。

十五、人因可靠性分析（Human Reliability Analysis，HRA）

以人因工程、系统分析、认知科学、概率统计、行为科学等学科为理论基础，对人的可靠性进行定性、定量分析，预测并预防或减少人为失误的分析方法。在美国三哩岛和苏联切尔诺贝利核事故发生之后，国际已深刻认识到人的因素对核电厂安全运行的重要性。统计发现，设备设施的故障固然是引发核电安全事故的原因，但在技术可靠性已得到显著提高的今天，引发核电安全事故的主要原因仍是人因错误。

“人”作为人-机系统极其重要的一方，在预防事故、保证安全方面作用尤为突出，主要基于以下两方面因素：一是由于人的生理、心理、社会、精神等特性，既存在一些内在弱点，又有极大可塑性和难以控制性；二是系统自动化程度再高，也是由人来控制操作，通过人的行为影响，如设计、制造、组织、管理、维修、训练、决策，作用于人-机系统。

十六、模糊数学理论方法

安全评价时，对被评价对象作出“安全”的评价结论本身是一个模糊性概念。1965 年，美国 L. A. Zadeh（扎德）教授首次提出模糊数学理论。模糊数

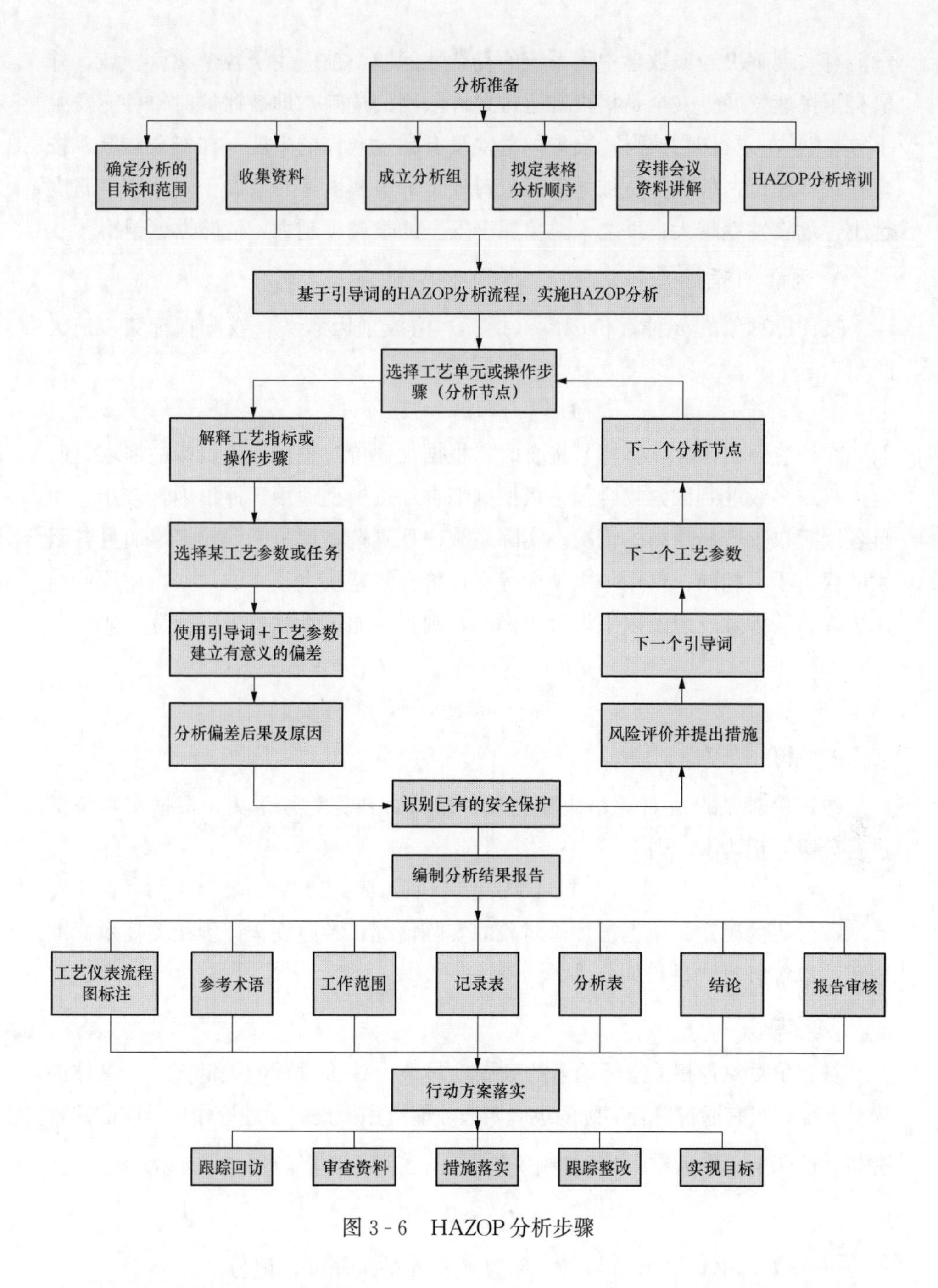

图 3-6　HAZOP 分析步骤

学能有效地解决经典数学中大系统的复杂性问题，被应用于各个学科领域，并取得了快速发展。安全是指没有超过允许限度的危险，即被评价对象可能发生事故、造成人员伤亡或财产损失的危险没有超过允许的限度。在安全领域，按模糊数学理论，危险性是被评价对象对安全的隶属度，对象属于安全的隶属度越小，危险性就越大；反之，对象属于安全的隶属度越大，危险性就越小。

1. 因素（指标）集

被评价对象的 n 种评价因素（指标）构成了因素集，或称指标集，记为 $\boldsymbol{U}$，则

$$\boldsymbol{U}=\{u_1,u_2,\cdots,u_n\}$$

在构造评价因素（指标）集合时，根据被评价对象与评价目标的需求，确定一级或多级评判因素集合。一级模糊综合评价模型适用于评价因素较小，而且各因素权重容易获得的情况。实际系统往往复杂，评价因素较多，而且各因素的权重不尽相同，仅用一级模糊综合评价会忽略权重较小的因素，使评价结果失真。若涉及三级及以上评价指标时，则需要通过计算机进行计算。如

$$u_1=\{u_{11},u_{12},\cdots,u_{1m}\}$$

$$u_{12}=\{u_{21},u_{22},\cdots,u_{2n}\}$$

2. 评价（评语）集

被评价对象的 m 种评语决断构成评价集，或称为评语集，根据实际情况进行分级，记为 $\mathbf{V}$，则

$$\mathbf{V}=\{v_1,v_2,\cdots,v_m\}$$

评价集的确定，根据被评价对象的实际情况，参照安全评价相关技术标准规范，以等级形式进行划分。

3. 隶属度

被评价对象各相关指标因素的隶属度是整个评价过程的关键。一个具体的模糊问题，只有通过符合实际的隶属函数才能应用模糊数学理论作出具体的定量分析。设所论全集为 $\boldsymbol{U}$，$\boldsymbol{U}$ 的模糊子集为 $\widetilde{\mathbf{A}}$，$\widetilde{\mathbf{A}}$ 可由特征函数 $\Psi\widetilde{\mathbf{A}}$ 表述，则

$$\widetilde{\mathbf{A}}:\boldsymbol{U}\rightarrow[0,1]$$

$\forall x\in\boldsymbol{U}$，$\Psi\widetilde{\mathbf{A}}\in[0,1]$，$\Psi\widetilde{\mathbf{A}}$ 称为 $x\in\widetilde{\mathbf{A}}$ 的隶属度，记为

$$\tilde{\mathbf{A}} = \frac{\int \Psi \tilde{\mathbf{A}}(x)}{x}$$

对 $\boldsymbol{U}$ 集合中的单指标 $u_i(i=1,2,\cdots,n)$ 作单指标评价，从指标 u_i 着手，确定该对象对评价等级 $v_j(j=1,2,\cdots,m)$ 的隶属程度 r_{ij}，从而得出第 i 个指标 u_i 的单指标评判集 $\vec{r_i}=(r_{i1},r_{i2},\cdots,r_{im})$，它是抉择评价集 V 上的模糊子集。由所有因素指标的评价集建立一个总的评价模糊矩阵 $\boldsymbol{R}$，说明因素集 $\boldsymbol{U}$ 与评价集 $\mathbf{V}$ 之间的相关关系，即

$$\boldsymbol{R} = \begin{bmatrix} r_{11} & \cdots & r_{1m} \\ \vdots & \ddots & \vdots \\ r_{n1} & \cdots & r_{nm} \end{bmatrix}$$

其中，r_{ij} 表示指标 u_i 对抉择等级 v_j 的隶属程度。

4. 权重集

评价指标对被评价对象的重要性程度因实际情况不同而相异，因此有必要赋予各评价指标一个权重系数。判断权重系数的方法，主要包括：主观赋权法，如专家打分法；客观赋权法，如因子分析法；主客观集成权重确定法，如基于熵的线性组合赋权法等。各因素构成的权重集合可视为 $\boldsymbol{U}$ 上的模糊集，记为 $\mathbf{A}$，则

$$\mathbf{A} = \{a_1, a_2, \cdots, a_n\}$$

其中，a_i 表示第 i 个因素 u_i 的权重，并满足归一性和非负性，即

$$\sum_{i=1}^{n} a_i = 1, a_i \geqslant 0$$

5. 模糊评价矩阵

根据模糊数学理论，进行模糊综合评价，得出评判集，记为 $\boldsymbol{B}$，则

$$\boldsymbol{B} = \mathbf{A} \cdot \boldsymbol{R}$$

基于最大隶属度原则，采用广义模糊合成运算，较为全面地考虑各种因素影响，找出模糊评价集 $\boldsymbol{B}$ 中的最大元素，其对应的评价等级，即为模糊综合评价结果。

以燃煤电厂灰坝安全评价为例。我国燃煤电厂一直是电力的主要来源，在其运行过程中每年都产生大量的灰渣。由于沉积灰综合利用率低，仅为 30%

左右，大量灰渣需修建灰场加以贮放。灰坝是燃煤电厂安全生产的重要环节，由于灰坝的高地势和堆存灰渣的流动性，使其成为一座人造的高势能危险源。灰场投运以后，灰坝持续受到水流溶蚀、冲刷及淤堵、冻融等有害作用，还有可能受到强降雨、超标准洪水和大地震的破坏，坝体的安全性能可能会逐渐降低。如果灰坝的缺陷和隐患得不到及时诊断评价和整治处理，任其恶化下去，轻则影响灰场的正常使用，重则可能造成溃坝，殃及下游，给人民的生命财产、国民经济建设乃至生态环境和社会稳定带来极大的灾难。因此，灰场安全至关重要，有必要定期进行安全评价分析，准确掌握灰坝状态变化规律，确定危及灰坝安全的主要问题并设法加以消除，以保证灰坝的安全运行。

以某电厂660MW机组为研究对象，采用模糊数学方法综合评价其安全状况。灰坝是一个复杂、庞大的系统。为了系统分析，将体系划分为6个一级指标，即安全管理、运行管理、防洪度汛、坝体结构、坝体渗流防治、排水（排洪）设施。各个一级指标根据自身情况进一步细分为若干个二级指标，如表3-30所示，其中权重系数由专家打分确定。

表3-30　灰坝各级指标及赋值

评价目标 U	一级指标 U_i	二级指标 U_{ij}
灰坝安全评价	安全管理（0.25）	应急管理（0.3）
		安全管理机构及管理制度（0.25）
		安全投入、工伤保险与职业病（0.25）
		设计施工与监理（0.2）
	运行管理（0.2）	运行管理人员（0.2）
		巡回检查（0.1）
		坝前放灰（0.125）
		除灰管路（0.125）
		灰水回收系统
		灰渣泵房（0.1）
		环保管理（0.15）
		灰场管理站（0.1）
	防洪度汛（0.15）	洪水标准与洪水量（0.3）
		坝顶与灰面（0.3）
		防洪措施和防汛物资（0.2）
		防洪容积和安全加高（0.2）

续表

评价目标 U	一级指标 U_i	二级指标 U_{ij}
灰坝安全评价	坝体结构（0.15）	灰坝断面设计（0.3） 坝体结构现状（0.4） 坝体稳定性分析（0.3）
	坝体渗流防治（0.1）	排渗设施（0.3） 浸润线（0.4） 地下水（0.3）
	排水（排洪）设施（0.15）	排水（排洪）设施及其布置（0.4） 排水（排洪）能力（0.25） 结构构件现状（0.35）

依据《燃煤发电厂贮灰场安全评估导则》（国能安全〔2016〕234号），建立评价集为

$$\boldsymbol{V}=\{正常,病态,险情\}$$

针对安全管理一级指标，现场评价专家对其所有二级指标符合评价集的等级进行评价，得出安全管理一级指标 $\boldsymbol{R}_1$ 的模糊矩阵，即

$$\boldsymbol{R}_1=\begin{bmatrix}0.8 & 0.2 & 0\\ 0.9 & 0.1 & 0\\ 1.0 & 0 & 0\\ 0.6 & 0.4 & 0\end{bmatrix}$$

根据表3-30中安全管理二级指标的权重集，则

$$\boldsymbol{A}_1=\{0.3,0.25,0.25,0.2\}$$

对安全管理一级指标的单项评价为

$$\boldsymbol{B}_1=\{0.835,0.165,0\}$$

同理，对其他5个一级指标形成各自的单项评价，即

$$\boldsymbol{B}_2=\{0.81,0.19,0\}$$

$$\boldsymbol{B}_3=\{0.85,0.15,0\}$$

$$\boldsymbol{B}_4=\{0.82,0.11,0.07\}$$

$$\boldsymbol{B}_5=\{0.82,0.2,0\}$$

$$\boldsymbol{B}_6=\{0.76,0.14,0\}$$

将各因素单项评价形成总体评价模糊矩阵 $\boldsymbol{R}$，即

$$\boldsymbol{R}=\begin{bmatrix}0.835 & 0.165 & 0\\0.81 & 0.19 & 0\\0.85 & 0.15 & 0\\0.82 & 0.11 & 0.07\\0.82 & 0.2 & 0\\0.76 & 0.14 & 0\end{bmatrix}$$

根据表 3-30 一级指标的权重集，则

$$\boldsymbol{A}=\{0.25,0.2,0.15,0.15,0.1,0.15\}$$

由此得到灰坝基于模糊数学的综合评价结果 B，即

$$\boldsymbol{B}=\{0.81725,0.15925,0.0105\}$$

按照最大隶属度原则，取 $\max\boldsymbol{B}$，对应的级别即为灰坝的等级，即为正常灰坝。这个结论与按照《燃煤发电厂贮灰场安全评估导则》（国能安全〔2016〕234 号）开展安全评估所得出的最终结论一致。

十七、概率风险评价技术（Probabilistic Safety Analysis，PSA）

概率风险评价技术是安全评价中一种最典型、应用最广泛的定量风险评价方法，是专门针对大型复杂网络发展起来的一种现代风险评价方法，它全面系统地鉴别出有可能导致各种后果的始发事件，并对随后的事故进程和可以采取的缓解手段建立风险模型，以事件树的形式将（始发事件发生后的）事故序列和发展路径清晰地展示出来，并通过故障树将事故缓解系统的不可用度以系统中的设备、部件的可靠性模型加以量化分析，用于评价每条事故序列可能发生的频率，找到事故的主要贡献因素。将多个始发事件整合后的概率风险模型可以同时评价多个扰动因素和运行维修状态对系统安全运行造成的影响，并快速梳理其间的关联因素（包括共因失效）和各自的重要度，对事故预演和应对能够起到很好的作用。其基本步骤包括：

（1）研究熟悉系统，全面熟悉所分析的系统，包括系统的设计、运行及其环境等各方面因素。

（2）分析初始事件，采取预先危险性分析（PHA）等危险分析方法鉴别初始事件。

（3）事件序列分析，通过事件树开展分析。

（4）初始事件和中间事件概率的评估，一个事故场景对应一个事件链，应用故障树分析求得初始事件或中间事件的发生概率，或其他方法，如相似系统的经验数据、测试数据或专家判断等。

（5）量化和不确定性分析，由于技术和统计数据方面的不确定性，对最后结果需要进行不确定性分析。

十八、危险指数法（Risk Rank，RR）

随着我国经济社会快速发展，石化、化工产业布局与工业化、城镇化的矛盾日益突出，城区、居民区与部分危险化学品企业的安全防护距离不足带来的安全风险有不断加剧趋势。从风险防范的角度出发，国际上通常采用可接受风险标准来控制危险源与防护目标间的外部安全防护距离，确保防护目标增加的风险在可接受范围内。危险指数法是根据危险化学品的数量、性质、位置和生产类型，评估和计算危险化学品生产、储存装置的危险指数，并确定外部安全防护距离的方法。危险指数法也是危险化学品生产、储存装置外部安全防护距离推荐方法之一。

危险化学品生产、储存装置同时符合下列所有情形的，应当选用危险指数法确定外部安全防护距离：

（1）未列入国家安全监管总局公布的重点监管的危险化工工艺的。

（2）不涉及国家安全监管总局公布的重点监管危险化学品，或涉及重点监管的危险化学品但不构成一级、二级重大危险源的。

（3）涉及毒性气体但危险化学品生产、储存装置不构成重大危险源的。

计算步骤如下：

（1）确定危险化学品的危险等级。

（2）确定危险化学品基准量。

（3）计算校正因子。

（4）计算危险指数。

（5）确定外部安全防护距离。

危险指数法确定外部安全防护距离的具体流程如图 3 - 7 所示。

具体的取值参照《危险化学品生产、储存装置个人可接受风险标准和社会可接受风险标准（试行）》（国家安全生产监督管理总局公告〔2014〕第13号）。

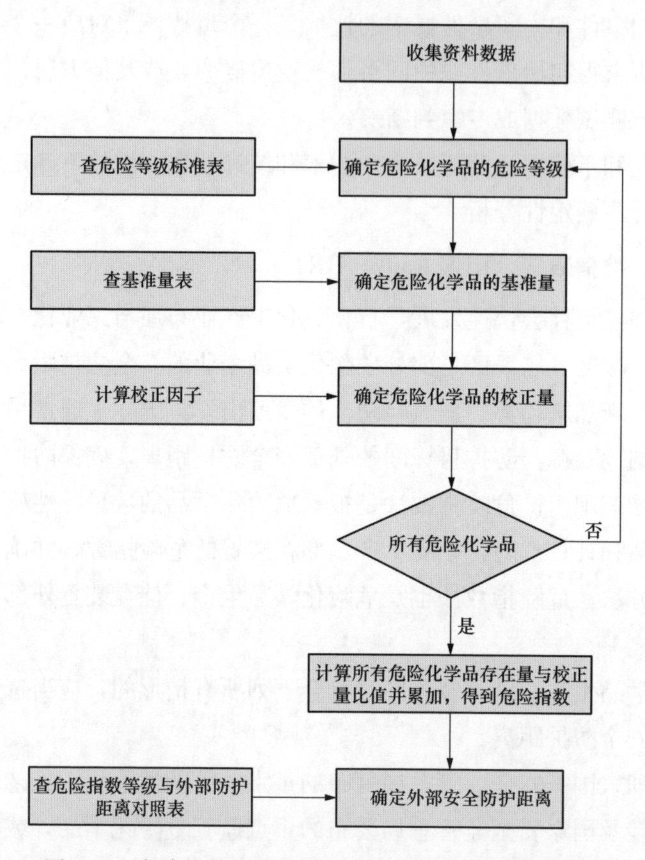

图3-7　危险指数法确定外部安全防护距离的具体流程

十九、蝴蝶结分析法（Bow Tie Analysis）

蝴蝶结分析法，也称Bow Tie分析法，是基于“三角模型”（Tripod Beta Models），以蝴蝶结的方式进行风险分析。Bow Tie方法主要用于风险评估、风险管理及事故调查分析、风险审计等，可以更好地说明特定风险的状况，了解风险与组织事件的相互关系，以帮助人们了解风险系统及防控措施系统。在Bow Tie分析模型中，以顶级事件为核心，向前分析导致其发生的可能原因（事故树分析），向后分析顶级事件发生后可能的后续事件（事件树分析），再针对性地设置屏障进行防控（瑞士奶酪模型）。

事故树分析侧重于逻辑地分析事故的原因，而事件树侧重于分析事件之后的衍生后果，建立事故树和事件树都是为了量化风险。在更加复杂的作业系统中，风险分析会受到人员和组织的影响。事故树和事件树分析有局限性，主要包括两大原因：一是随着事故树和事件树变得越来越庞大、越来越臃肿、越来越复杂，将会导致该方法的应用人员难以理解和使用；二是进行事故树或事件树分析的作业环境中，存在太多的变量、干扰和未知因素，比如即使完全相同的装置，安装到不同的公司也可能有不同的故障率。如何处理设施和流程，作业人员及管理人员如何进行决策，是无法被量化的。唯一的办法是对此类风险进行定性管理。Bow Tie 方法可以对复杂作业环境进行定性风险分析。此外，在许多组织中，因事故引发的某些后果代价太高，必须采取措施加以管理，设想可能出现的各种风险，并评估组织应对措施的准备情况，这也是 Bow Tie 方法的优势。

Bow Tie 分析原理图如图 3-8 所示。

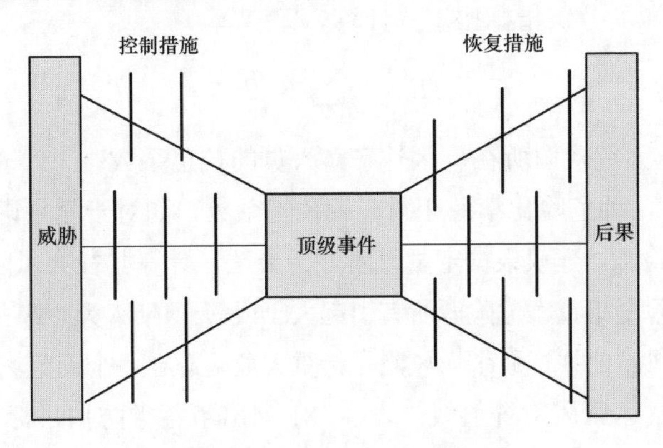

图 3-8　Bow Tie 分析原理图

二十、重大危险源（Major Hazard）

安全评价在重大危险源方面的运用，已经从法律法规的层面得以确定。若企业有足够的技术力量，可自行开展安全评价或安全评估；当然，企业也可以委托第三方专业机构开展定期的安全评价。通过安全评价，掌握重大危险源的实际安全状况，查找风险或事故隐患，研判现有的安全措施是否有效，预测重大危险源发生事故或造成职业危害的可能性及其严重程度，并提出科学合理、有针对性的补充措施，从而提高重大危险源的管控水平。

依据《危险化学品重大危险源辨识》（GB 18218—2018），重大危险源的定义有了较大调整，即“长期地或临时地生产、储存、使用和经营危险化学品，且危险化学品的数量等于或超过临界量的单元”。一方面，不再限于GB 18218—2009规定的500m范围；另一方面，将辨识单元划分为生产单元和储存单元，若满足下式，则定为重大危险源，即

$$S=\sum_{i=1}^{n}\frac{q_i}{Q_i}\geqslant 1$$

式中　q_i——第i种危险化学品的实际存在量；

Q_i——对应第i种危险化学品的临界量，如对于液氨或氨气，取值为10t。

特别值得注意的是，q_i的实际存在量，按照设计最大量确定，以确保风险辨识准确。

重大危险源的分级指标按下式计算，即

$$R=\alpha\sum_{i=1}^{n}\beta_i\frac{q_i}{Q_i}$$

式中　α——重大危险源所在厂区外暴露人员的校正系数；

β_i——第i种危险化学品相对应的校正系数，如对于氨来讲，取值为2。

对重大危险源，建议根据定量风险评价方法，计算其社会风险和个人风险，其中：社会风险是指重大危险源所有引起大于或等于N人死亡事故的累积频率，常常运用社会风险曲线；而个人风险是指重大危险源在一个固定场所引起人员死亡的概率，常常运用风险等值线。表3-31列出了各类防护目标个人风险的基准值。

表3-31　　个人风险的基准值

防护目标	个人风险基准（次/年）
高敏感防护目标、重要防护目标、一般防护目标中的一类防护目标	3×10^{-6}
一般防护目标中的二类防护目标	1×10^{-5}
一般防护目标中的三类防护目标	3×10^{-5}

社会风险一般采用 F-N 曲线，如图 3-9 所示，将社会风险划分为不可接受区、尽可能降低区以及可接受区。

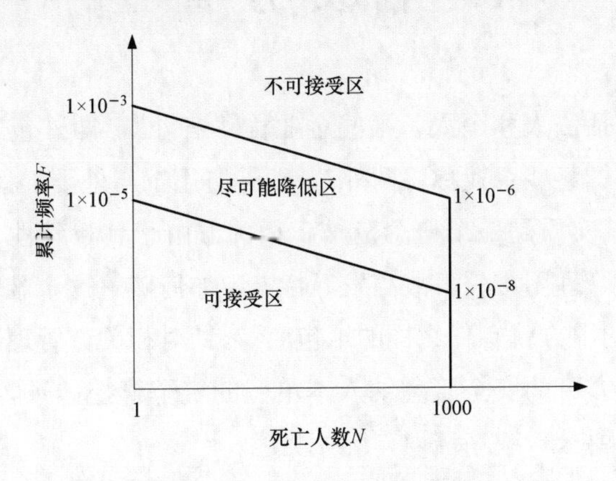

图 3-9　社会风险 F-N 曲线

13 相关方管理

相关方，包括法人和个人，某些企业称“三外”，即外包工程、外委单位和外来务工人员，某些企业称“两外”，即外协用工与外委工程，无论“三外”还是“两外”，其实质是一个概念范畴。相关方由于其特殊性、复杂性，存在人员结构复杂、管理困难、事故高发等特点，如何破解这个难题？有一句说得好，“有什么样的甲方就有什么样的承包商”，针对相关方管理，最基础的要求是将这些“相关方”的安全管理纳入本单位的安全管控体系，进行统一管理，统一标准，统一要求，统一培训，统一奖惩。

基于前人的研究及实践经验，围绕破解“相关方管理”问题，按照全过程安全管理的主线，总结提炼了十五个关口建设，从制度关入手，将外委工程和外协用工管理贯穿起来，从立项到验收，不留死角，列出各个关口的建设内涵，为解决“相关方”安全问题提供全新的解决思路。

(1) 制度关。企业应结合自身实际，建立健全本单位的外委工程和外协用工安全管理实施细则，明确各部门各岗位职责，做到凡事有章可循，持续改进，加强和规范相关方安全管理。制度建设是统领，必须建章立制，这是首要关口。

(2) 责任关。强化相关方安全管理的主体责任，这是落实安全生产责任制的有效体现。将相关方安全管理纳入本企业安全管控体系，统一协调、管理各承包单位、分包单位在本单位的安全生产活动，统一监督、管理在本单位劳动的外协用工。

(3) 立项关。在可行性研究阶段或项目立项申请阶段，根据项目规模及实际情况，开展项目全过程的安全风险辨识和评估，进行安全预评价或安全综合分析（安全技术方案），估算安全费用，编制安全费用计划。

(4) 准入关。严把外委单位投标准入关和外协用工入厂关。针对外委工程，严格投标单位资质审查，要着重审查营业执照、资质证书、法人代表资格证书、机构代码证、安全生产许可证（年检材料）、是否列入“黑名单”等；

在项目招投标阶段，根据项目风险等级及安全信用分值权重，在技术评分中计算投标单位的安全信用分值，否则评标无效。

针对外协用工，重点检查雇佣关系合法证明和体检合格证明，不得有职业禁忌证，入厂前必须经过严格的安全教育培训或安全技术交底，考核合格或获得批准，并有良好的安全信用分值，方可准入。

资质准入审核可依据的法规标准较多，比如《承装（修、试）电力设施许可证管理办法》（国家发展改革委令〔2020〕第36号）、《建筑业企业资质管理规定》（住房和城乡建设部令〔2018〕第32号）、《建筑施工企业安全生产许可证管理规定》（住房和城乡建设部令〔2015〕第23号）、《中国制冷空调设备维修安装企业资质等级认证管理办法》（中设〔2013〕64号）、《机电类特种设备安装改造维修许可规则》（国质检锅〔2003〕251号）等。

（5）安全协议关。依据合同与承包单位签订安全生产管理协议，安全生产管理协议至少应包括工程概况、安全责任、安全投入和资金保障、安全设施和施工条件、隐患排查与治理、安全教育与培训、事故应急救援、安全检查与考评、违约责任等内容，明确各自的安全生产方面的权利、义务。两个以上作业队伍在同一作业区域内进行作业活动时，组织并督促不同作业队伍相互之间签订安全生产管理协议，明确各自的安全生产、职业卫生管理职责和采取的有效措施，并指定专人进行检查与协调。

（6）教育培训关。结合本单位实际情况，采取多媒体、体验式等丰富的方式方法，组织对外委工程雇佣工人、本单位外协用工进行入厂前的安全教育培训并考试，合格后核发安全上岗证，作为入厂凭证。同时，有必要时，可开展岗中安全教育培训，进一步增强安全技能。

（7）策划组织关。督促承包单位建立项目部，实行项目经理负责制，指导、监督、检查和考核项目部。同时，监督承包单位按国家相关规定建立健全安全生产监督网络，设立安全生产监督管理机构或配备符合要求的专（兼）职安全生产管理人员。对于重大项目，如外委工程项目有三个及以上承包单位，同时工地施工人员总数超过100人或连续工期超过180天，建议组建工程项目安全生产委员会，并设置安委会办公室。

（8）施工准备关。对承包单位资质材料进行复核，着重审查设立的项目部机构及配备的技术人员、安全管理人员是否与招标时的内容相符，主要施工器械设备、安全设施是否已按报备清单到位，需编制安全技术措施的作业项目是否已编制相关方案，施工人员是否与报备名单一致，是否按要求缴纳安全生产责任保险（工伤保险或一定保额的商业险或人身意外伤害险），并抽查作业人员安全教育培训情况。

（9）技术交底关。对外委工程和外协用工开工前必须进行整体安全技术交底，并应有完整的交底记录。在有危险性的生产区域工作的外委工程项目，如可能发生火灾、爆炸、触电、高空坠落、中毒、窒息、机械伤害、烧烫伤等容易引起人身伤害和设备事故的场所，还应进行专门的安全技术交底。

（10）现场监督关。加强对外委工程和外协用工的现场安全监督管理。针对外协工程，重点督查安全组织策划执行、安全管理制度和安全责任制落实、安全培训、安全费用使用情况、安全文明施工、反违章作业、风险分级管控和隐患排查治理、应急预案演练等情况，并下发督查情况通报。针对外协用工，重点检查监督遵守安全生产和职业卫生规章制度、操作规程，杜绝违章指挥、违规作业和违反劳动纪律，并按照有关规定正确佩戴、使用、维护、保养和检查个体防护装备与用品，明确外协作业人员活动范围和作业内容，禁止跨区域超范围作业。

根据实际需要，有针对性地选择适用的规范，比如《建筑施工扣件式钢管脚手架安全技术规范》（JGJ 130—2011）、《危险性较大的分部分项工程安全管理规定》［住房和城乡建设部令　第37号（2018年）］等。

（11）加班监督关。针对外委工程，严格执行定额工期，不得随意压缩合同约定工期。如工期确需调整，应当对安全影响进行论证和评估，提出相应的施工组织措施和安全保障措施。针对外协用工，确需加班抢修，须提出书面申请，获得批准，采取相应措施，并加强监护后，方可作业。

（12）监护关。长期承担本单位检修、维护、施工、安装任务的承包单位的有关人员，经培训、考核合格并书面公布后，担任相关工作的工作票签发人、工作负责人，但由本单位正式员工监护。临时劳务派遣人员、技术服务（厂家）人员进行设备系统检修、维护、消缺工作时，在有经验的员工带领和监护下进行，并做好安全措施。禁止在没有监护的条件下指派临时劳务派遣人员、技术服务（厂家）人员单独从事有危险的工作。

监护对安全生产有非常大的重要性，特别是危险性较大作业，非常关键。如何真正发挥“监护人”的作用，就如同父母监护小孩子过红绿灯一样，需要时时警惕，拿出“时时放心不下”的责任。

（13）应急关。危险性的生产区域工作或工程项目，组织承包单位制定专门的安全措施方案和应急预案，并与本单位应急预案相衔接。发布外委工程生产安全事故应急预案，明确参建单位应急管理职责、分工等内容，配备必要的应急救援器材、设备，并组织培训和演练。

（14）验收关。编制外委工程安全验收项目、标准和计划，并严格执行，实行“谁验收、谁签字、谁负责”。

（15）安全信用关。依据《国务院安全生产委员会关于加强企业安全生产诚信体系建设的指导意见》（安委〔2014〕8号）的要求，开展相关工作。建议制定本单位外委工程和外协用工安全信用评估细则，并根据细则对承包单位在投标、设计、施工、验收等全过程进行安全信用评估，对外协用工进行从入场到出场的全过程安全信用评估，以使用于招投标评标和实施“黑名单”制度等动态管理。

通过这些关口建设，每一个关口做实做细，创新机制，创造方法，主动适应安全生产新形势、新要求，着力破解影响安全生产的重点难点问题，一定能补齐相关方管理的短板，保证从业人员生命安全和身体健康，防止相关方安全生产事故的发生。

14　企业安全文化建设

文化是一个国家、一个民族的灵魂，是推动企业改革发展的强大精神力量。安全文化是企业文化的重要组成部分，是企业高质量发展的前提与基础。安全稳定之基础，安全技术之发展，离不开安全文化之沃土。

安全文化列为安全生产“五要素”之一，即安全文化、安全法制、安全责任、安全科技、安全投入，也是五要素之首。文化与法制，是安全生产非常重要的两条线，法制促进文化，文化反哺法制。安全法制是严肃严格的行为制约和调整，而安全文化却具有独特的亲和力，弥补了安全法规强制性约束的无形缺憾，使得人的意识与举止不再“被迫”受制于法的约束，而是“润物细无声”，从内心自然形成的自觉，这种自觉是文化感召的力量，是一种自主约束倾向和潜在准则，内化于心，外化于行。正因为此，“安全文化”力量无穷，优秀的“安全文化”是企业安全生产的灵魂和统帅，是安全生产管理工作的最高境界。

中国文化博大精深，横亘上下五千年，“平安顺遂”自古以来就是中华文化的重要组成，是个人和整体的美好追求和共同愿景。安全伴随着人类生活和生产的全过程，安全文化也在生活和生产发展过程中逐步形成与发展。我国古代先贤在征服自然、追求文明的发展进程中，就不断探索并积累了宝贵的安全文化理念雏形，如《周易》中“君子以思患而预防之”，君子用经常忧虑灾祸的办法预防灾祸的发生，道出了“治于未乱”的朴素“预防”理念；再如《汉书·贾谊传》中“前车覆，后车诫”，给出了安全事故警示教育的传世范本。中国许多古老的建筑也无不渗透着安全思想和智慧，以龙岩永定土楼为例，如图 3-10 所示，其“防火防潮功能”即蕴含了许多古老的安全理念。

如果给文化做一个定义，应该是一件很难的事情，《辞海》对文化的解释是指人类社会历史实践过程中，所创造的物质财富和精神财富的总和。人类在社会实践过程中所获得的物质、精神的生产能力和创造的物质、精神财富，包括一切社会意识形态，比如自然科学、技术科学、社会意识形态，又如教育、

图 3-10　龙岩永定土楼

科学、艺术等方面的知识与设施等，都是文化的范畴。

同理，如果给“安全文化”下一个定义，也绝非易事。目前，在企业安全生产领域，大家普遍认识的“安全文化”溯源，最早由国际核安全咨询组织（INSAG）于 1986 年针对切尔诺贝利事故，在 INSAG-1（后更新为INSAG-7）报告提到“苏联核安全体制存在重大的安全文化的问题”。1991 年，出版 INSAG-4 报告中给出了安全文化的定义，即“安全文化是存在于单位和个人中的种种素质和态度的总和，它建立一种超出一切之上的观念”。安全文化作为文化的一个分支，与文化范畴一样，由于人们的认识和应用范围不同，安全文化也可以有许多其他不同的定义，比如有学者根据我国在安全管理模式和安全文化方面的理论研究成果提出“安全文化是安全价值观和安全行为准则的总和”，而英国保健安全委员会核设施安全咨询委员会（HSCASNI）对国际核安全咨询组织的定义修正为“安全文化是个人和集体的价值观、态度、能力和行为方式的综合产物”。根据《企业安全文化建设导则》（AQ/T 9004—2008）的定义，即被企业组织的员工群体所共享的安全价值观、态度、道德和行为规范的统一体。企业安全文化是企业安全物质因素和安全精神因素的总和。以安全文化引领安全生产管理，是最高境界的管控模式。安全文化建设是实现零事故目标的必由之路，是超越传统安全管理来解决安全生产问题的根本途径。

一般地，安全文化分为三个层次，即直观的表层文化，如企业的安全文明生产环境与秩序；企业安全管理体制的中层文化，如企业的组织机构、管理网络、部门分工和安全生产法律法规及制度建设；安全意识形态的深层文化。

安全文化是文化的重要组成部分。安全文化和其他文化一样，是人类文明的产物，企业安全文化是为企业在生产、生活、生存活动提供安全生产的保证。在提倡“文化自信”的时代背景下，结合“安全发展”的时代需求，“安全文化”也必将在新时代的历史舞台中发挥更加重要的基础性作用。

相比于其他各要素，安全文化是安全生产工作基础中的基础，是安全生产的根本，是安全生产工作的精神指向，其他的各个要素都应该在安全文化的指导下开展。同时，安全文化是其他各个要素的目的和结晶，只有在其他要素健全成熟的前提下，才能培育出深入人心、独具特色、影响深远的“人民至上，生命至上”的安全文化。那么，如何做并做好安全文化建设？这需要长期探索和积累，不断总结经验，厚积薄发，方能有所成就。

杜邦公司在安全生产领域已是妇孺皆知的一个工业安全标杆企业，一个220年屹立不倒的基业长青史，如果仅仅用管理人才的优秀、管理制度的完善来理解，未免有一叶障目、管中窥豹之嫌。从1802年到2022年，一个企业仍然蓬勃发展，行稳致远，只有从文化角度上去解释方是切中要害、使人折服。因此，很多学者对杜邦公司的安全文化进行了归纳总结，并获得了许多有意义的成果。下面列举一二。

（1）一切事故皆可预防。风险是事故发生可能性与严重程度的函数，一旦本质安全技术措施失效、安全附件存在缺陷、安全法规难以执行、安全制度难以落实，都会触发风险演变成事故，造成不同程度的人员伤亡、设备损失和环境污染，甚至灾难。因此，降低风险，使之远离事故是我们共同的目标追求。当然，风险与事故的距离越远越安全，直至没有风险。那么风险管理的目标是否为零风险？显然，绝对为零的风险是实际难以企及的，即便可以达到代价也是极大的。风险决策的ALARP（As Low As Reasonably Practical）准则，即最低合理可行准则，由英国健康安全和环境部门（HSE）首先提出，如图3-11所示，已成为可接受风险标准确立的基本框架。

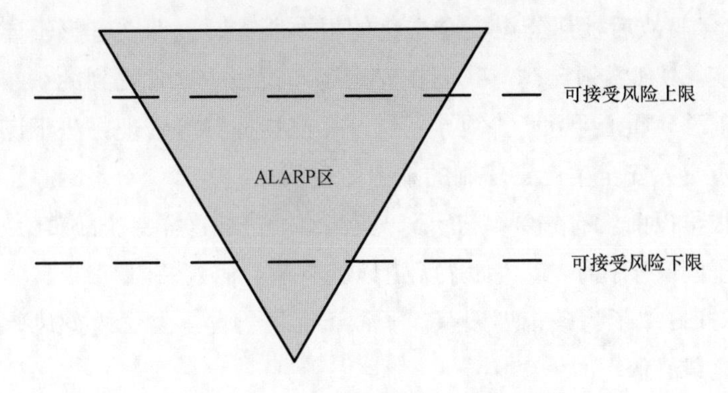

图 3-11　ALARP 风险可接受准则

任何工业活动都具有风险，不可能通过预防措施来彻底消除风险，必须在风险水平与利益之间做出平衡。只要合理可行，任何重大危害的风险都应努力降低。虽然风险无处不在，但事故一定是可以预防的，从技术、组织、管理等多个层次，从直接安全措施、间接安全措施、指示标识报警检测措施、个体防护与安全教育措施等各个方面，管控风险，使之始终处于可接受风险范围内，这个可接受范围即不发生事故，因此，从这一点上去理解“一切事故皆可预防”完全符合风险管理理念，也是杜邦公司安全文化的精髓所在。“一切事故皆可预防”的理念已被广泛共识，正因为这个理念，安全生产这个广阔天地，才大有可为，其最深刻的意义在于极大增强了企业生产人员在各种不利因素和逆境下的安全生产信心。

(2) 有感领导。第一次听“有感领导”是在应急管理部一次安全与应急管理师资培训班上，后来在学习有关文献中又有所接触，原来“有感领导”是杜邦公司安全文化的根本。何为“有感领导”？按《孙子兵法》谋攻篇所言，即“上下同欲者胜”。1818 年，杜邦公司遭遇其历史上最大的一次事故，即一名工人饮酒引起一场爆炸事故，造成面临破产的经济损失和 40 人的人身死亡，此后，杜邦公司在安全生产道路上痛定思痛、改革立新，其中一条就是“杜邦家族搬入厂区居住，以表明企业主与劳工同生死的决心”，另外一条是“新厂和再建厂区都需要高层管理者首先操作，确认安全后，员工才可进入”，这些安全管理规章制度的背后，体现的是高级管理者的安全责任制，从人、财、物等资源方面充分保障安全生产的需要，在日常管理中处处表现对安全的重视，这是1818年事故后杜邦公司安全文化的根本所在，也即“有感领导”的文化解释。其实，“有感领导”与我们在安全生产过程中常常提到的“领导率身垂范，关口前移，重心下沉”“领导到位，靠前指挥”等管理方法不谋而合，是落实企业负责人安全生产责任制的集中体现。

中国很早以前就有先例，《论语》颜渊篇中记载这样一个故事：

季康子问政于孔子曰：“如杀无道以就有道，何如?”

孔子对曰：“子为政，焉用杀？子欲善而民善矣。君子之德风，小人之德草，草上之风必偃”。

翻译过来，大致是这样的：季康子向孔子问政事，说：“假如杀掉坏人，以此来亲近好人，怎么样?”孔子说：“您治理国家，怎么想到用杀戮的方法呢？您要是好好治国，百姓也就会好起来。君子的品如风，小人的品如草。草上刮起风，草一定会倒”。有感领导力就犹如风，影响深远。

(3）直线责任制。杜邦公司在安全管理组织架构上，贯彻“谁主管生产、谁负责安全”的原则，各级都是本级岗位的安全第一责任人。这与《安全生产法》所提出的“安全生产工作实行管行业必须管安全、管业务必须管安全、管生产经营必须管安全”是高度一致的，直白讲，“谁的地盘谁管理”，各级人员都必须为其自身和其工作区域其他人员的安全负责。为了提高安全管理的有效性、专业性和科学性，各级当然需要设置专职的安全管理人员，但如果因为有了安全管理人员，就说安全责任由专职负责，这在杜邦公司将被看作“不安全因素”。但在国内这样的例子屡见不鲜，如提起“安全的事”就理所当然划给“安全部门”，事故责任处理时“安全员”常常因为“不到位”而受到处罚，使得“安全总监”这样的高级位置却成为烫手的山芋。将这些做法高度提炼总结后，就称作“直线责任制”，成为杜邦公司安全文化的重要组成部分。新《安全生产法》实施后，全员安全生产责任制被提上新的高度，岗位逐级负责制，责任覆盖全员，实现“横向到边、纵向到底”，说明杜邦公司“直线责任制”的安全理念在实际工作中已从“法”的高度运用落地，说明好的安全理念可广泛复制运用并起到推动安全生产的强大作用。

有学者提出安全文化建设“球体斜坡力学原理”，对企业安全文化建设模式具有很好的启发意义。具体如图3-12所示，将企业安全生产的状况看作在斜坡上的一个球体，如果不受任何外力作用，任球体自由运动，则会一直下滑，这个下滑力包括人的不安全行为、物的不安全状态、环境不良因素和管理上的缺陷，是导致事故发生的主要原因。

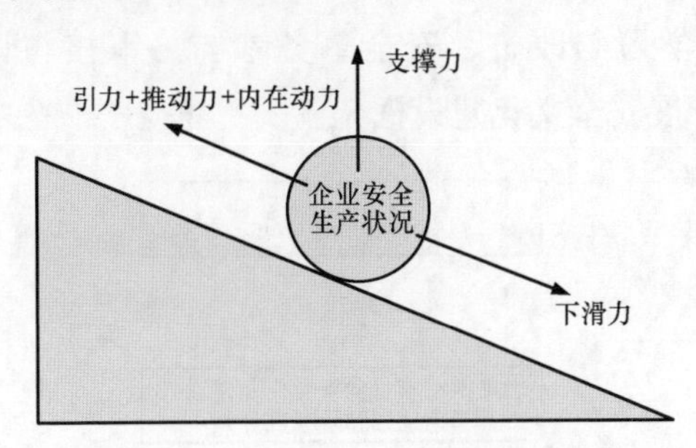

图 3-12　企业安全文化建设模型

众所周知，假设某事件在一次活动中发生的概率为 p，则在 n 次活动中至少有一次发生的概率为

$$P = 1 - (1 - p)^n$$

这就是著名的墨菲定律。由此可见，无论概率 p 多么小，当 n 越来越大时，P 越来越接近 1。这个定律告诉我们，不管可能性多么微小，当活动次数足够多时，小概率事件必然会发生。这就提醒我们，不要忽视小概率事件。人的不安全行为、物的不安全状态、环境不良因素和管理上的缺陷都需要见微知著，以大概率思维应对小概率事件，防患于未然。

为了改变这个趋势，必须要有外界给予正向力，促进球体沿着斜坡向上运动，这些向上的力包括引力、推动力、内在动力和支撑力，其中，引力是安全理念单元，推动力是形象传播、安全文化单元，内在动力是以人为本、科技创新单元，支撑力是管理控制单元和安全文化评价单元，这个研究结果和研究思路可为企业安全文化的建设提供智力支持。这说明，企业安全生产需要“多驾马车并驾齐驱”“多管齐下”的整体合力有效推动、不断向前，实现“1+1>2”的效果，其中，安全文化导向所起的推动力是不可估量的。

为了帮助企业组织发展优秀的强势安全文化，实现卓越安全绩效的目标。在安全生产领域出台了《企业安全文化建设导则》（AQ/T 9004—2008），AQ/T 9004—2008 确立企业组织在建设良好安全文化方面所应遵循的基本原则和要求，引导全体员工的安全态度和安全行为，实现在法律和政府监管要求之上的安全自我约束，通过全员参与实现企业安全生产水平持续进步。企业安全文化建设基本要素主要包括安全承诺、行为规范与程序、安全行为激励、安全信息传播与沟通、自主学习与改进、安全事务参与、审核与评估七个方面。图3-13列出了企业开展安全文化建设框架。

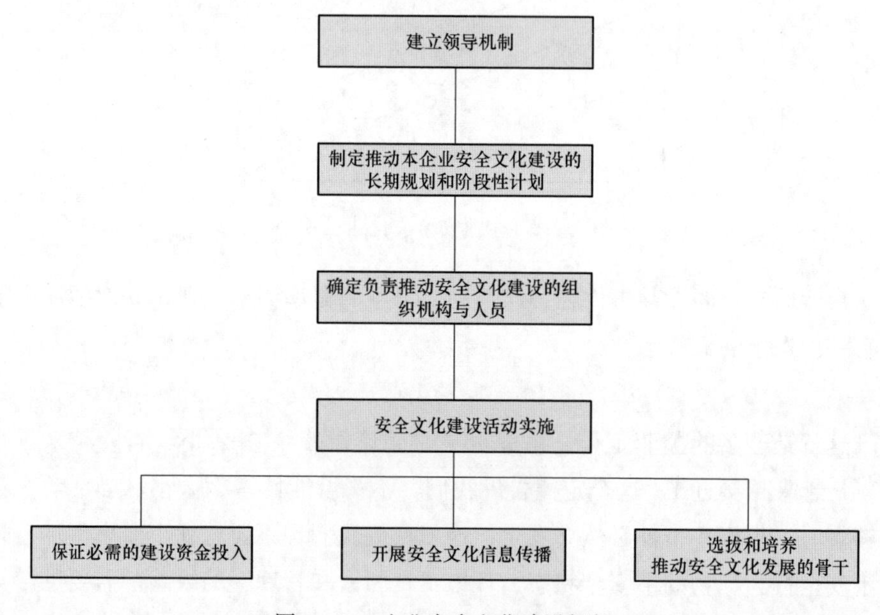

图3-13 企业安全文化建设框架

企业安全文化建设过程中，提炼安全文化理念是一项至关重要的工作，文化来源于实践，来源于基层员工，在严格执行安全制度过程中逐步形成良好安全行为习惯，在实践中总结提炼，形成共识，返回基层再宣传再实践，才能逐步形成和发展具有企业特色的文化理念和文化氛围。另外一件重要的事情是安全文化理念定型后，要进行“刻骨铭心”的宣传，通过入眼、入脑、入心的层层递进的文化宣传，形成条件反射似的文化反应，鼓励全体员工向良好的安全态度和行为转变，发挥出无量的“文化”力量，从而提升了企业整体安全水平。

为了评价企业安全文化建设情况，原国家安全生产监督管理总局出台了配套标准《企业安全文化建设评价准则》（AQ/T 9005—2008），该标准给出了评价指标、减分指标（包括死亡事故、重伤事故和违章记录）和评价程序，其中评价指标包括一级指标、二级指标和三级指标，主要包括基础特征、安全承诺、安全管理、安全环境、安全培训与学习、安全信息传播、安全行为激励、安全事务参与、决策层行为、管理层行为、员工层行为11个因素，涵盖了《企业安全文化建设导则》（AQ/T 9004—2008）全部内容。

以发电行业为研究对象，列举区域级公司、基层企业的安全文化建设实务，供企业安全文化建设参考。某区域级公司以“鼎”作为公司安全文化的象征，如图3-14所示，将安全置于“高于一切，先于一切，重于一切”的地位，以“员工优秀、设备健康、环境和谐、管理精细”作为“鼎”之四足，共同承托长治久安的安全目标。

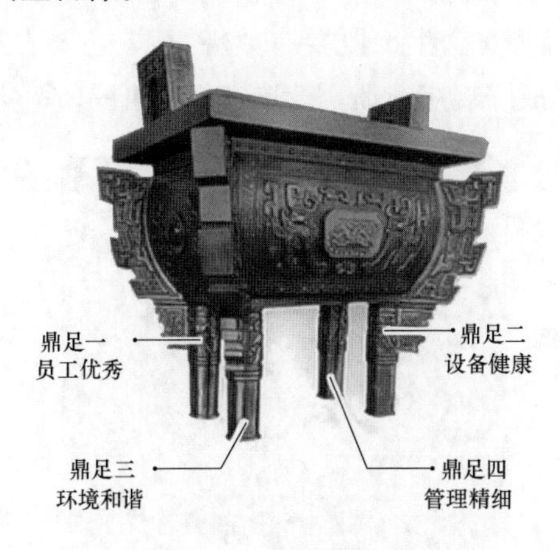

图3-14　鼎安全文化

基于鼎，提出了“安全鼎式”，即：1×1×1×1=1，等式左边的四个“1”表示员工、设备、环境、管理，等式右边的“1”表示本质安全目标。任何一个要素不完整，就会使安全偏离目标，每个要素偏离10%，则总体目标将偏离35%以上，甚至造成事故。因此，四个要素都要精益求精、至臻至善，才能实现本质安全。员工如何优秀？员工在安全生产中处于先决性、基础性地位，务必抓好员工培训，推进人才培训，形成“不安全不工作，不安全不让工作”的文化氛围，全面做好行为管控。设备如何健康？设备是安全的物质基础，加强缺陷管理，提高设备可靠性，推行状态监测，实现标准检修，做好设备全过程管理。环境如何和谐？环境是发展之本，务必倡导绿色生产，保护和改善生产与生态环境，对内提升“整理、整顿、清扫、清洁、素养、安全、节约”之7S管理，美化作业环境；对外加强环保改造，促进环境整洁和生态环境保护。管理如何精细？健全安全生产管理体系、保障体系和监督体系高效协同，确保安全责任到位、安全投入到位、安全培训到位、基础管理到位和应急救援到位，持续优化、改进安全生产管理工作。

区域级所辖基础企业，结合当地特色，在“鼎”安全文化体系框架下，形成并发展本企业特色安全文化。

如某发电公司的“方圆”安全文化，如图3-15所示，取自孟子佳话“不以规矩，不能成方圆”。“方”是方方正正、规规矩矩，“圆”是完备、周全、闭环，通过“方圆”渗透，形成“按规矩办事，把事情办好”的安全文化氛围。徒法不足以自行，安全生产既要有“规矩”，还要发挥“规矩”的作用，养成守规矩意识，形成守规矩习惯，营造守规矩氛围，落实守规矩行动。

图3-15　方圆安全文化

再比如某发电公司的“盾”安全文化，企业生产过程中的安全隐患和预防措施是矛与盾的对立关系，“矛”好比是企业存在的、各种不利于安全生产的因素，“盾”则是人们为预防事故发生而采取的各类抵御、防范措施，以“盾”预示“任何风险都可防范、任何事故都可控制”，始终把排查和消灭事故隐患、防范事故发生摆在安全生产工作的首要位置，如图3-16所示。

下面再介绍一个典型的案例。某发电公司坚持“3基”建设，即落实基层责任、强化基础管理、提升基本素质；运用“6零”目标管控，即实现责任零

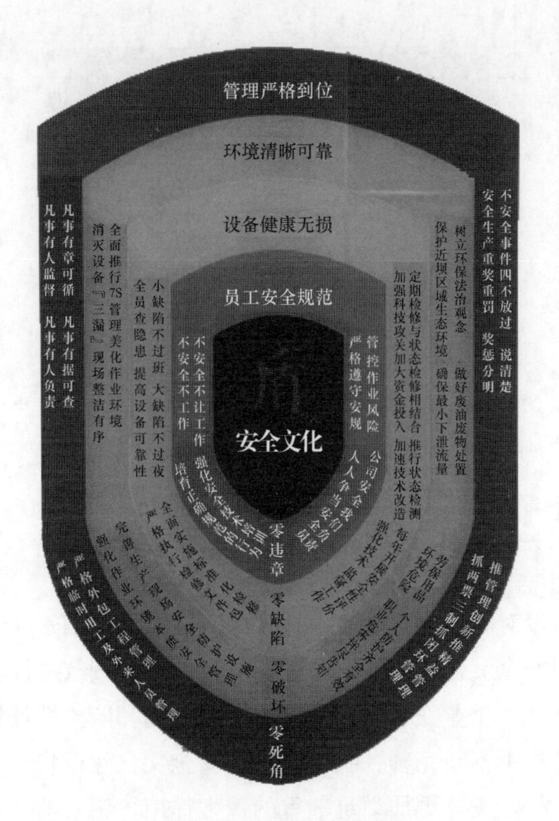

图 3－16　盾安全文化

盲区、管理零漏洞、现场零违章、人身零伤害、设备零事故、环保零事件；安全生产做到“5 到位”，即安全责任到位、安全投入到位、安全培训到位、安全管理到位、应急救援到位。通过“3 基”“6 零”“5 到位”之“365”安全管控，确保每天、每月、每年安全无事故，提出了“守护 365，安全每一天”安全文化理念，只有坚持每一天都把安全落到实处，全员、全方位、全过程、全天候加强安全监管，才能做到安全“365”，才能长治久安，如图 3－17 所示。

安全是生命之本，幸福之源。每一个人都应加强对安全本质的深度认知，提升安全综合素养，让安全形成一种习惯，这正是安全文化的力量。有了安全，家人才能幸福相伴，企业才能和谐发展。安全文化把企业要实现的生产价值和实现人的价值统一起来，以保护人的安全和健康直至家庭幸福为目的，实现安全价值观和安全行为准则的统一，超乎一切之上，实现自我约束与自觉行

图 3-17 “365”安全文化

动。安全文化建设对企业文化的创新发展，对企业的未来将产生很大的影响。企业应充分认识安全文化建设的阶段性、复杂性和持续改进性，由企业最高领导人组织制定推动本企业安全文化建设的长期规划和阶段性计划，而且规划和计划应在实施过程中不断完善。我们坚信，安全文化建设将为安全生产领域管控风险、预防事故，发挥更加举足轻重的重大作用，正所谓“勤浇‘文化花’，结出‘安全果’”。

15　安全素质养成实践

人力资源是第一资源，做安全生产工作需要强有力的人才支撑，人才支撑体现在人员的专业素质和人员的责任落实，既包括领导人员、管理人员的安全领导力、安全执行力，也涵盖从业人员的技能水平及其有效操作，而后者往往是安全生产能够实际落地见效的“最后一公里”，具有基础性、关键性的强大作用，只有聚焦广大从业人员的技能素质养成，才能真正纵深推进安全生产长期稳定向好。

落实安全生产责任制也可从构成安全生产的人、机、环、管的四个要素入手，将每一个要素、每一个环节的责任落实到位，则安全生产责任制自然也就在各要素载体中得以贯彻见效，而我们所追求的人、机、环、管四个要素的“人员无违章，设备无缺陷，环境无隐患，管理无漏洞”的本质安全状态，根本还需靠具备良好的业务素质的安全生产从业人员来实现，而一线从业人员过硬的技能素质，具有强大的安全生产压舱石作用。

安全素质既需要自觉的安全意识，也必须具备一定的安全知识与技能，如图 3-18 所示。

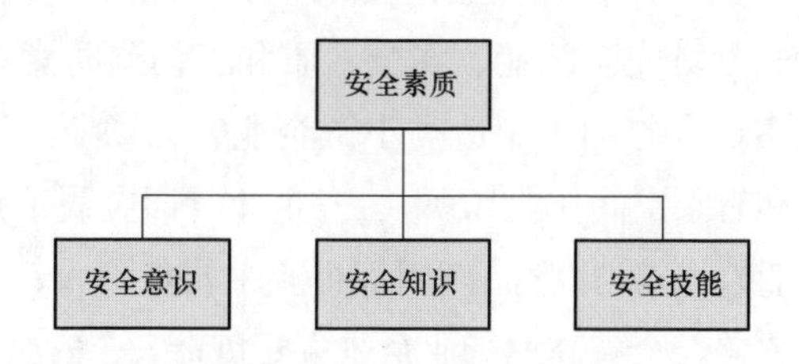

图 3-18　安全素质的构成

如果没有安全意识，生产安全事故迟早会来；如果没有安全知识技能，“不知者无畏”，迟早会出生产安全事故。安全意识增强了，就会自觉学习安全知识，掌握安全技能；安全知识掌握得越多，安全生产水平就越高。那么，如何全面、有效地促进广大从业人员的安全应急技能素质提升，以满足安全生产所需，适应安全生产所要？列举一二。

一、安全生产大培训

教育培训当然是提高全员安全素质最重要的制胜法宝之一。牢固树立“培训不到位是重大安全隐患”的意识，依法依规对从业人员进行与其所从事岗位相应的安全培训和技能认证，确保相关人员具备必要的安全生产知识，掌握安全操作技能，熟悉安全生产规章制度和操作规程，了解事故应急处理措施，增强预防事故、控制职业危害和应急处理的能力，全面提升安全应急技能素质，比如新员工的三级教育培训、转岗再培训、特种作业人员的上岗取证培训等，这些是行之有效的安全技能教育培训手段、要求。

浙江省是一个工业企业多和经济较发达的地区，据不完全统计，全省规模以上工业企业5万余家，生产经营活动多，总量大，事故多发。自2020年以来，浙江省推进全民安全素养提升工程，制定实施《浙江省企业百万员工安全大培训实施方案》，通过线上与线下相融合的模式，其中线上培训打造了“浙江省安全生产网络学院”平台，以安全生产法律法规标准、基本安全知识、事故案例、工伤预防等通识性、警示性内容为主，线下培训以行业专业性互动研讨和实操性内容为主，培训时间不少于总学时的50%，并针对不同行业企业和对象因材施教，实行差异化培训；同时，全面推进“逢查必考”，线上和线下必须全部通过考试合格后，才能出具培训合格证明。

2020—2022年，共培训各类从业人员450多万人次，每年不少于100万人次，大大提高了从业人员安全技能、安全素质和工伤预防意识及能力。到2025年，浙江省将全面实现全省加工制造类小微企业、三场所（即涉爆粉尘作业场所、喷涂作业场所和有限空间作业场所）、三企业（即金属冶炼企业、涉氨制冷企业和船舶修造企业）、危险化学品使用等企业主要负责人、安全管理人员和重点岗位人员培训全覆盖，全省高危行业企业主要负责人、安全管理人员和生产经营单位特种作业人员100%持证上岗，一般生产经营岗位人员应培尽培。

通过安全生产大培训，强化企业主要负责人“要安全”，安全管理人员“会安全”，从业人员“懂安全”，取得了积极进展和良好成效，为提升企业本质安全水平打下坚实基础。

二、安全应急技能竞赛

安全应急技能竞赛活动作为一种崭新的载体，对增强广大从业人员安全应急技能素质能力作出了非常有益的探索，以 2022 年浙江省电力安全应急技能竞赛为样板，阐述电力企业安全应急技能素质养成的实践做法。一场竞赛，对于组织者而言，需要从策划、实施、评估、改进等全生命周期来设计和达成，具体到安全应急技能竞赛，包括赛前策划、赛事流程设计、成立组织机构、竞赛命题、违纪处理、仲裁规定、安全须知、比赛实施、结果公布、效果评估，以及持续改进等。对于参加者而言，通过竞赛全面考查电力企业从业人员的安全应急技能，包括电力行业范围内的应知、应会的安全理论知识和应急处置技能，其中理论知识主要包含安全生产基础理论知识，安全生产法律法规、行业标准规范，安全生产规章制度等；实际操作主要包含现场风险辨识和隐患排查，事故案例分析，安全工器具使用，安全设备、设施和措施布置，现场人员急救，应急处置等。

为了达成竞赛目标，采用理论考试和实际操作两种形式，其中实际操作采用笔试和现场实际操作两种方式进行。以笔试方式进行的实际操作内容为安全风险辨识和事故案例分析，与理论考试一并进行。同时，为突显实际操作技能的重要性，竞赛成绩偏重实际操作成绩，最终的比赛成绩为理论考试成绩占 30%，实际操作成绩（含以笔试形式进行的实际操作）占 70%。计算分数时保留小数点后三位。当分数相同时，实际操作成绩高者排名在前。实际操作分数相同时，实际操作用时短为胜。

开展安全应急技能竞赛活动，有效实现了“以赛促训，以训促学”，是对各级企业广大从业人员安全应急技能素质的集中检验，考察一线从业人员掌握国家、行业有关安全生产法律法规、政策、标准和安全理论知识的情况，重点考察了从业人员的安全应急现场实际操作技能水平和应急自救能力，推进、提升了从业人员的安全应急技能素质养成；同时，通过赛事进一步强化安全生产红线意识，特别是推动宣贯落实新《安全生产法》，从而增强企业安全生产应急管理能力，全面提升一线从业人员安全应急技能与素质，持续推进本质安全型企业建设。

《“十四五”国家安全生产规划》（安委〔2022〕7 号）中明确要求，夯实企业应急基础，提升应急救援能力。安全应急技能竞赛活动具有积极推广的积极意义，未来可以加强竞赛顶层设计，优化竞赛流程，提高命题水平，通过制度形式固定竞赛开展的形式、周期（频次）、规模，并强化竞赛结果应用，比如与薪酬、职称、高级别荣誉挂钩，促进竞赛取得实效，达成切实提升生产领域广大从业人员安全应急技能素质的目标，以高水平安全保障高质量发展，不断增强人民群众的获得感、幸福感、安全感。

三、安康杯活动

大家对“安康杯”活动一定不陌生，作为安全生产领域的一项重要活动，已经形成了一套成熟有效的运作模式。安康即“安全”与“健康”，安全与健康是全员的共同诉求，通过竞赛形式，运用激励和竞争机制，推动领导层安全生产责任意识、职工安全生产知识水平和能力不断提升，特别是从业人员安全意识和安全技能进步，最终降低各类事故的发生率和各类职业病的发病率。同时，这项竞赛活动已成为工会劳动保护工作的有效载体，融入工会劳动保护工作之中。

随着“安康杯”活动不断深入，活动形式不断创新，出现很多寓教于乐、职工喜闻乐见的方式，活动内容不断丰富，使“安康杯”精神深入人心，变为职工的自觉行动。安全生产合理化建议和安全隐患随手拍就是非常典型的两个例子。新《安全生产法》规定，生产经营单位的从业人员有权对本单位的安全生产工作提出建议，有权对本单位安全生产工作中存在的问题提出批评、检举、控告。这些规定如何实现？“安康杯”竞赛活动就是一种很好的途径。在竞赛活动中设置“安全生产合理化建议”和“安全隐患随手拍”两个环节，对积极提出安全生产合理化建议以及找出现场安全隐患给予非常有吸引力的奖励，有力推进了企业安全生产形势向好。更为重要的是，通过这样的行动，对提升从业人员的安全意识、安全知识、安全技能具有积极的促进作用，把自己当“老师”，当“安全官”，需要更深入地学习、更细致地落实，自觉养成“我要安全，我会安全，我能安全”的行为习惯，比如针对叉车视角盲区，提出叉车前后安装红外报警，在安全距离内出现任何人和物都能第一时间发出警报，再如针对施工现场升降机落到底层，高层门还处于敞开状态的风险，提出设置联锁保护，升降机一旦离开高层，门自动锁闭等，这些安全生产合理化建议和创新对提升员工安全素质意义很大。

此外，很多体验式、沉浸式安全应急培训基地不断涌现，如跨步电压、安全帽撞击、触电、机械伤害、高温烫伤、地震等场景体验，危化品标志识别、工地隐患查找、心肺复苏、急救包扎及AED使用等实操训练，不断丰富从业人员的防护知识和逃生技能，也是非常好的探索实践。还比如事故警示教育和事故模拟，把别人发生的真实事故进行重现，增强事故剖析，要“代入”自己，做事件的“主角”，深刻汲取经验教训，再进一步举一反三，这可大大促进提高从业人员安全意识和安全技能。

总之，这些方式方法，守正创新，打破单一讲授式的课程培训，采用多种载体，以竞赛、活动、体验基地、事故再现等模式，充分发挥奖励机制、激励机制和竞争机制，积极探索和实践，有效推进安全素质养成，从而不断促进从业人员牢固掌握本职工作所需的安全生产知识，提高安全生产技能，增强事故预防能力和增强应急处置能力，为各级企业安全生产稳定形势夯实了最为重要的人力资源基础。

16 应急能力建设

应急能力建设是安全生产的重要组成部分。习近平总书记强调，要认真组织研究应急救援规律，提高应急处置能力，强化处突力量建设，确保一旦有事，能够拉得出、用得上、控得住。同时，新《安全生产法》也明确提出，企业主要负责人具有组织制定并实施生产安全事故应急救援预案的法定职责，更有发生事故后组织应急救援工作的法定任务。应急救援是安全生产的最后一道防线，务必科学研判风险，务必科学开展救援，务必牢牢守住底线，通过科学制定应急救援预案、加强应急预案演练、增强应急救援力量、配强应急救援物资，确保应急救援扛得住事故、防得住灾难、兜得住底线，从而最大限度减少人员伤亡和财产损失。

做好应急工作，制定科学的应急救援预案是有效应急救援的第一步，更是至关重要的一步，是前提，是前置，更是首要。2021 年 4 月 1 日开始实施的《生产经营单位生产安全事故应急预案编制导则》（GB/T 29639—2020）为企业科学编制应急预案给出了国家标准，按照最新的程序要求，特别突出了风险评估和应急资源调查。通过风险评估，辨识企业存在的危险有害因素，确定可能发生的生产安全事故类别，分析各种事故类别发生的可能性、危害后果和影响范围，并评估确定相应事故类别的风险等级。通过应急资源调查，详细掌握本单位可调用的应急队伍、装备、物资、场所，针对生产过程及存在的风险可采取的监测、监控、报警手段，上级单位、当地政府及周边企业可提供的应急资源，以及可协调使用的医疗、消防、专业抢险救援机构和其他社会化应急救援力量。

以电力行业为例，2016 年 8 月国家能源局作为电力行业的主管部门，下发了《关于深入开展电力企业应急能力建设评估工作的通知》（国能综安全〔2016〕542 号），通知要求针对电力企业，2017 年底前完成地市级以上电网企业、总装机规模 600MW 以上发电企业，以及参与中型及以上电力建设项目的电力企业应急能力建设评估；力争 2018 年底前完成全部电网企业、发电企业和电力建设企业的应急能力建设评估，为形成统一指挥、结构合理、反应灵敏、运转高效、保障有力，能够高效应对各类突发事件的电力应急体系奠定基础。

2021 年，国家能源局下发《国家能源局关于开展电力应急能力建设情况专项督查工作的通知》（国能发安全〔2021〕16 号），开展电力应急能力建设专项督查，形成了《国家能源局 2021 年电力应急能力建设督查调研的情况通报》（国能综通安全〔2022〕43 号），督查发现的主要问题包括应急预案编制前未开展风险评估、资源调查等前置工作，编制、评审、发布和备案流程不规范，预案针对性、可操作性、实用性不强，与地方政府及相关应急救援部门预案衔接不紧密等。因此，开展应急能力建设评估是非常关键的一环，应急能力评估的一个重要落脚点，在于检查风险评估、应急资源调查等前置工作开展情况及效果，能够有效查摆问题，解决突出问题，提升应急管理能力，适应新时代电力安全发展要求。

以下以某发电企业应急能力建设评估为对象，开展案例分析。

（一）风险评估

1. 危险有害因素分析

某发电企业在生产过程中使用的煤、汽轮机油、氢气、盐酸、氢氧化钠、氨、六氟化硫等都具有易燃、易爆或有毒有害特性。生产运行与检修中使用的设备设施众多，其中涉及大量特种设备包括锅炉、压力容器、压力管道、起重机械、厂内机动车辆等。火力发电系统的管理、运行、检修又需要有高素质的各类工作人员，其中涉及特种作业包括电工作业、金属焊接切割作业、起重机械（含电梯）作业、厂内机动车辆驾驶、登高架设作业、锅炉作业（含水质化验）、压力容器操作、车辆驾驶等。因此，企业在生产过程中存在的主要危险、危害因素包括火灾、爆炸、机械类伤害、电气类伤害、高处坠落、坠物伤害、车辆伤害、毒物、粉尘、噪声、高温等，同时存在人为失误和管理缺陷的危害。

2. 重大危险源辨识

经第三方安全评价，某发电企业液氨罐区构成危险化学品三级重大危险源。液氨罐区位于厂区内，布置在锅炉房东侧，储罐区位于液氨罐区北侧，储罐区南侧为氨气制备间，氨气制备间东侧为液氨罐区控制室，氨气制备间西侧为液氨装卸区。氨气制备间设置了两个直通室外的安全出口，通往室外的距离约为38m，液氨储罐罩棚为开敞结构，氨气制备间安全疏散出口及疏散距离均满足《建筑设计防火规范（2018年版）》（GB 50016—2014）的要求。此外，泄爆面积，通风，采光，照明设计，防雷，防静电，消防系统，室内外消火栓、灭火器的配置、消防依托均满足相关技术标准规范的要求。

（二）应急资源调查

1. 应急组织机构

企业成立突发事件应急领导小组，为常设机构，全面领导应急工作。组长由企业党委书记、总经理担任，副组长由副总经理、工会主席担任，成员由企业副总工程师及相关部门主要负责人担任。企业突发事件应急领导小组下设应急管理办公室，设在安全环保部，安全环保部主任担任应急管理办公室主任，成员由各部门专职安全员组成。根据突发事件类别和影响程度，成立相关事件现场应急指挥部，现场应急指挥部是企业处置具体突发事件的临时机构。总指挥由企业总经理（或其授权人员）担任，副总指挥由副总经理担任，成员由企业相关部门负责人组成。针对自然灾害类、事故灾难类、公共卫生类、社会安全类等不同类型的突发事件，成立不同的现场指挥部，并明确其职责。现场应急指挥部下设应急抢险救援组、设备抢修组、安全保卫组、后勤保障组、新闻发布组、善后处理组。

2. 应急预案体系

某电厂应急预案体系由综合应急预案、专项应急预案和现场处置方案构成，见表3-32。

（1）综合应急预案。是指企业为应对各种生产安全事故而制定的综合性工作方案，是企业应对生产安全事故的总体工作程序、措施和应急预案体系的总纲。

综合应急预案规定了应急组织机构及其职责、应急预案体系、事故风险描述、预警及信息报告、应急响应、保障措施、应急预案管理等内容。

（2）专项应急预案。是指企业为应对某一种或者多种类型生产安全事故，或者针对重要生产设施、重大危险源、重大活动，防止发生生产安全事故而制定的专项性工作方案。

专项应急预案规定应急指挥机构与职责、处置程序和措施等内容。

（3）现场处置方案。是指企业根据不同生产安全事故类型，针对具体场所、装置或者设施所制定的应急处置措施。

现场处置方案规定了应急工作职责、应急处置措施和注意事项等内容。

表3-32　应急预案体系目录

序号	应急预案目录
一、总体应急预案	
1	综合应急预案
二、专项应急预案	
（一）自然灾害类	
1	防汛、防强对流天气应急预案
2	防雨雪冰冻应急预案
3	防大雾应急预案
4	防地震灾害应急预案
5	防地质灾害应急预案
（二）事故灾难类	
6	人身事故应急预案
7	全厂停电（黑启动）事故应急预案
8	电力设备事故应急预案
9	垮坝事故应急预案
10	大型机械事故应急预案
11	电力网络与信息系统安全事故应急预案
12	火灾事故应急预案
13	交通事故应急预案
14	环境污染事故应急预案
15	燃料供应紧缺事件应急预案
16	对外供热中断事故应急预案
17	重大危险源事故应急预案

续表

序号	应急预案目录
（三）公共卫生事件类	
18	传染病疫情事件应急预案
19	群体性不明原因疾病事件应急预案
20	食物中毒事件应急预案
21	职业病危害事故应急预案
（四）社会安全事件类	
22	群体性突发社会安全事件应急预案
23	突发新闻媒体事件应急预案
三、现场处置方案	
1	高处坠落伤亡事故处置方案
2	机械伤害伤亡事故处置方案
3	物体打击伤亡事故处置方案
4	触电伤亡事故处置方案
5	火灾伤亡事故处置方案
6	灼烫伤亡事故处置方案
7	化学危险品中毒伤亡事故处置方案
8	受限空间作业应急救援处置方案
9	锅炉大面积结焦处置方案
10	锅炉承压部件爆漏处置方案
11	汽轮机超速、轴系断裂、油系统火灾处置方案
12	公用系统故障处置方案
13	厂用电中断事故处置方案
14	厂用气中断事故处置方案
15	起重机械故障事故处置方案
16	分散控制系统、计算机监控系统失灵处置方案
17	电力二次系统安全防护处置方案
18	生产调度通信系统故障处置方案
19	变压器火灾事故处置方案
20	发电机火灾事故处置方案

续表

序号	应急预案目录
21	锅炉燃油系统火灾事故处置方案
22	燃油罐区火灾事故处置方案
23	制氢站火灾事故处置方案
24	危险化学品仓库火灾事故处置方案
25	输煤皮带火灾事故处置方案
26	电缆火灾事故现场处置方案
27	集控室火灾事故处置方案
28	计算机房火灾事故现场处置方案
29	化学危险品泄漏事件处置方案
30	除灰系统异常事件处置方案
31	脱硫系统异常事件处置方案
32	脱硝系统异常事件处置方案
33	制粉系统火灾事故处置方案
34	氨区火灾处置方案

3. 应急培训和应急演练

应急培训由企业安全环保部负责，制订年度培训计划，利用已有的资源，建立突发事件应急救援的宣传、教育和培训体系，针对各类应急指挥人员、技术人员、监测人员和应急小组进行强化培训和训练。对参与到现场应急的各类人员开展专项培训，做好相应的记录和培训结果的评估。应急预案的培训参加人员主要包括应急领导小组全体人员、应急办公室人员、各救援小组人员、相关技术人员。生产一线人员100%经过心肺复苏法培训、100%经过消防器材使用的培训，电气人员100%经过触电急救培训。培训的方式主要有案例教学、情景模拟、交流研讨、案例分析、应急演练、对策研究等。同时，结合年度培训计划制订相应的应急预案培训演练计划，消防类、防全厂停电类、防汛类应急预案演练纳入其中。定期组织员工进行突发事件应急演练，每年至少组织1次综合或专项应急预案演练，每半年至少组织1次现场处置方案演练。演练的方式可以分为模拟实战演练、桌面演练和其他方式的演练。

4. 应急物资保障

应急抢险物资管理坚持“保障急需、定额储备”的原则，计划物资部为企业应急抢险物资的归口管理部门，负责审核、批准生产部门提出的应急物资采购计划和抢险物资的监督检查工作。安全环保部负责应急物资管理的监督监察工作。物资管理人员掌握辖区及附近地区抢险物资的生产、库存、销售等市场动态，做好紧急情况下调用和组织物资的准备。应急抢险物资管理部门设专人负责管理应急抢险物资，根据需要设专人24小时值班，值班人员做好随时发放调运的各项准备。应急装备及物资清单见表3-33、表3-34。

表3-33　应急装备清单

序号	装备名称	数量	规格型号	存放场所
1	装载机	1	龙工-855N	燃料管理部
2	推土机	1	山推-220	燃料管理部

表3-34　应急物资清单

序号	应急物资名称	单位	数量	存放地点
1	铁锹	把	166	棚库
2	镐	把	6	棚库
3	蓝水带	m	120	棚库
4	麻绳	卷	2	棚库
5	潜水泵	台	8	棚库
6	柴油发电机	台	2	棚库
7	塑料布	卷	11	棚库
8	雨衣	套	20	劳保库
9	雨靴	双	38	劳保库
10	电缆盘	套	2	劳保库
11	编织袋	个	8700	棚库

续表

序号	应急物资名称	单位	数量	存放地点
12	正压呼吸器	台	2	集控
13			2	化学
14			2	辅控
15			3	氨区
16	防静电服	套	5	氨区
17	防毒面具	个	4	氨区
18	防护眼镜	个	5	氨区
19	隔热手套	副	1	氨区
20	防化手套	副	3	氨区
21	围裙	个	2	氨区
22	隔热服	套	2	氨区
23	防化服	套	1	氨区
24	便携式氨气检测仪	套	1	氨区
25	急救药箱	个	1	氨区
26	实验用氨水	瓶	1	氨区
27	担架	副	1	氨区
28	硼酸溶液	瓶	2	氨区

5. 社会应急资源

企业与地方政府有关部门建立生产安全事故应急救援伙伴关系、签订应急救援协议，做到急有所依。

（三）应急能力评估

根据《国家能源局关于印发〈电力企业应急能力建设评估管理办法〉的通知》（国能发安全〔2020〕66号）和《发电企业应急能力建设评估规范》（DL/T 1919—2018）对某发电企业应急能力建设开展评估工作。应急能力建设评估主要包括静态和动态两大项，其中静态评估包括应急能力的预防与应急准备、风险监测与预警、应急处置与救援、事后恢复与重建四个方面；动态评估包括访谈、考问、考试、实操和桌面演练或现场演练五个方面。应急能力建设评估内容大纲见表3-35。

表3-35 应急能力建设评估内容大纲

1. 静态评估	1.1预防与应急准备	(1) 应急法规与制度建设
		(2) 应急规划与实施
		(3) 应急组织管理
		(4) 风险评估与控制
		(5) 应急预案管理
		(6) 应急培训
		(7) 应急演练
		(8) 应急救援队伍
		(9) 应急物资和装备
		(10) 应急经费保障
		(11) 应急通信与后勤保障
		(12) 协调机制
	1.2风险监测与预警	(1) 风险监测
		(2) 预警系统
	1.3应急处置与救援	(1) 处置与救援
		(2) 信息发布与报道
		(3) 应急救援与处置的暂停和停止
	1.4事后恢复与重建	(1) 后期处置
		(2) 调查评估
		(3) 恢复重建
2. 动态评估		(1) 访谈
		(2) 考问
		(3) 考试
		(4) 实操
		(5) 桌面演练或现场演练

1. 静态评估

（1）预防与应急准备。

1）查评主要内容：企业应急管理制度、发布的应急管理有关法律法规识别和获取文件清单、年度应急管理工作计划、综合应急预案、专项应急预案、现场处置方案、应急组织管理、风险评估与控制、应急预案管理、应急培训档案、应急演练、应急救援队伍、应急物资和装备、应急经费保障、应急通信与后勤保障、协调机制等。

2）查证情况：企业制定了应急管理制度，内容基本符合目前国家、行业和地方有关应急管理制度和标准的要求。应急预案按要求开展评估和备案，应急组织体系健全、职责明确。能按要求开展风险分析辨识及评估和应急资源分析，开展了应急培训，但专项预案和现场处置方案需完善。

企业在应急救援队伍、装备、应急经费等方面基本满足应急救援能力需求，应急物资还应加强管理，进一步补充完善。企业建立了兼职应急救援队伍，开展了培训和演练等活动，在应急管理方面发挥重要作用，但应建立应急专家队伍培养机制，持续完善兼职应急救援队伍。

企业对应急救援个人装备、应急救援队伍装备及库存装备等都进行了定期检查，能对装备及时进行更新。在应急装备和器材的配套和精细化管理上还应提高。

3）评审结果：预防与应急准备单元基本满足规范要求。

（2）风险监测与预警。

1）查评主要内容：重点保护区域及关键生产设备设施在线监测监控，与上级相关部门和地方政府及专业机构常态联络机制，灾害信息收集、分析和处理，隐患排查治理与控制，事故、灾害的监测分析和分级预警等。

2）查证情况：企业对重点区域、关键设备、设施和重要防护目标按国家和行业相关标准要求，安装了在线监测监控系统，实时采集、分析、控制相关运行参数，为及时预警和采取有效控制措施提供信息，但在线监测监控系统未按生产设备进行管理，应加强日常管理；与上级相关部门和地方应急机构建立了常态联络机制，建立了信息收集、分析评估、分级预警等制度，但应急预案中未见当地交通及地震部门的联系方式，应在预案中进行补充。

3）评审结果：风险监测与预警单元基本符合《发电企业应急能力建设评估规范》（DL/T 1919—2018）的要求。

（3）应急处置与救援。

1）查评主要内容：综合应急预案、专项应急预案、现场处置方案以及企业安全生产分析报告等。

2）查证情况：企业建立了应急处置和救援体系，包括应急指挥部、应急办公室、专业救援队伍、应急物资等，应急预案中明确应急处置流程。突发事件发生时，现场工作人员应按照相关现场处置方案或相关规定进行处置，现场处置程序明确；根据可能发生的典型事件类别及现场情况，明确报警、各项应急措施启动、应急救护人员的引导、事件扩大时与相关应急预案衔接的程序。但在有关停产撤人命令的决策权、周边企事业单位及居民的风险告知、个别应急预案现场处置措施内容、现场应急疏散指示和应急物资管理方面还需进一步完善；同时，应完善应急处置流程，不同响应级别应有不同处置流程，加强应急演练，确保熟练掌握本岗位应急处置流程。

3）评审结果：应急处置与救援单元基本符合《发电企业应急能力建设评估规范》（DL/T 1919—2018）的要求。

（4）事后恢复与重建。

1）查评主要内容：综合应急预案、专项应急预案、现场处置方案、突发事件的资料档案等。

2）查证情况：企业未发生人身、设备事故及一类障碍，评估期内未发生需要启动应急预案的突发事件。

3）评审结果：事后恢复与重建单元符合《发电企业应急能力建设评估规范》（DL/T 1919—2018）的要求。

2. 动态评估

（1）查评主要内容：访谈应急领导小组成员、考问部门负责人和管理人员及一线员工、随机抽取工作人员进行考试和应急救援装备的使用操作、现场突发事件桌面演练等。

（2）查证情况：通过对应急领导小组成员访谈，能够较好地掌握国家及上级单位关于加强应急能力建设方面的法律法规及政策要求，掌握应急管理工作基本原则、应急能力建设的主要环节及编制预案的基本要求，掌握本单位的危险种类、基本控制措施和应急预案体系，熟知应急领导小组成员的应急工作职责和企业所属各部门应急状态下的职责、应急资源现状及应急保障措施等。通过抽取部门负责人、管理人员及一线员工考问和闭卷考试，对本岗位应急工作职责基本了解，对相关法律法规、规章制度、应急预案内容及自救互救常识和安全生产知识基本了解。通过应急装备实操演练，员工基本熟悉使用方法及注意事项。桌面演练参演人员按时到场，演练中能准确报告事件信息，先期处置、现场应急处置措施基本全面、得当，及时开展后期处置。但员工对本岗位涉及的应急预案内容掌握还不到位，应加强培训。

（3）评估结果：动态评估单元基本符合《发电企业应急能力建设评估规范》（DL/T 1919—2018）的要求。

对以上五个单元采用雷达图分析法，对应急能力建设评估进行综合分析，指出相对薄弱的环节，见图 3-19。

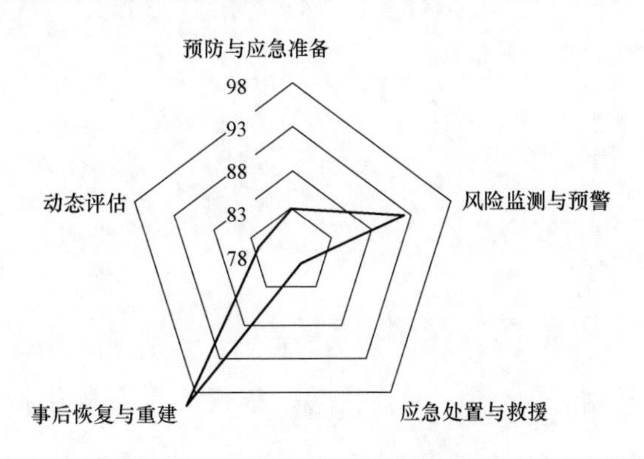

图 3-19 各单元得分率雷达图

综合来看，企业在专项预案和现场处置方案的编制、培训、演练和现场突发事件处理过程的应变能力建设上还存在不足之处。企业应对评估评审所提出的问题，举一反三，制定整改计划逐条落实，将其作为应急能力建设新的起点，不断提升企业应急能力，确保安全生产持续稳定。

第四篇

事故警示

前车之覆，后车之鉴。以案为鉴，鉴往知来。不能让生产安全事故仅仅成为过去的“故事”，思想上警钟长鸣，行动上常抓不懈，“四不放过”是当下非常有益的做法。

通过事故警示，举一反三，亡羊补牢，安危需时时放在心上，让安全事故成为生产工作的转折点与新起点，提出安全防范措施与应急对策，增强事故防控与灾害防御能力，防止同类事故重复发生，警钟长鸣。

17　总是“意外”的典型案例

2018年9月11日，某电厂工作班组打开11m运转层吊物孔中间两块格栅盖板，未办理固定设施异动审批手续，未设置围栏及安全警示标识，当事人进入非本人作业区域，直接走到孔格栅打开的孔洞处，发生坠落死亡事故。

2020年2月22日，某公司涂布车间普工未采取佩戴安全帽、安全带等防护措施，攀爬至涂布线烘箱顶部进行清扫作业，导致在清扫过程中不慎坠落摔伤，后经医院抢救无效死亡。

2021年6月18日，某新能源场站当值值长在未办理工作票情况下，用随身携带的电笔卸下功率柜隔板螺栓，打开功率柜隔板进入功率模块柜室内检查，发生触电事故死亡。

2022年3月9日，某市政工程公司拆除违章建筑过程中，工地现场班组长未取得起重机指挥特种作业证，擅自使用通信设备指挥汽车起重机进行高处吊装作业，导致一名小区住户受伤。

2022年11月2日，某企业1名作业人员遥控操作行车起重机运储罐，储罐失稳倾覆，砸到场地护栏，弹起的护栏击中该名作业人员致死。

2023年3月10日，某公司在进行罐体检维修作业时，因施救不当先后6人被困罐内，导致5人死亡。

2023年3月22日，全国发生雷电活动次数超14万次，某海上作业人员突然遭受雷击，靠岸后经抢救无效死亡。

这些以生命为代价的安全事故带给我们的警示是，违章万万不可取，违章虽不是根源，却是导致事故的直接原因。以特种设备事故为例，2022年全年共发生特种设备安全事故108起，死亡101人，因使用、管理不当发生事故约占80%，其中违章作业仍是造成事故的主要原因，具体表现为作业人员违章操作、操作不当，甚至无证作业、维护缺失、管理不善等。作业环境中行走拨打手机，异动设施不审批，不办工作票带电作业，高处作业不挂安全带，作业现场不戴安全帽，临边不设置安全防护网，无特种作业操作资格证擅自上岗，恶劣天气突发应急准备不足，有限空间屡屡中毒窒息和盲目施救，“意外”肯定会比“明天”先来。

因此，千万不能把别人的事故当作故事听，不要以为事故不会发生在自己身上，安而不忘危，一定不能心存侥幸，否则造成事故付出代价时，悔已晚矣。通过这些事故警示，一定要把事故教训记在心里，安全防范落实在行动中，克服一切有意识或无意识的违章心理。通过总结，违章人员的典型心理包括侥幸心理、盲从心理、惰性心理、逐利心理、麻痹心理、逞能心理、帮忙心理、从众心理、冒险心理、无所谓心理、好奇心理、工作图省事、操作走捷径、技术不成熟、经验主义等。

在企业安全生产实践中，广大从业人员一定要多“管”齐下，既需他律，更要自律，务必克服这些违章心理，牢固树立居安思危、防患于未然的安全理念，事故发生的原因客观上是现场存在的各种隐患，主观上却是人的心理、人的行为等方面疏忽大意造成的，因此，生产过程一定要杜绝一切违章行为，消除一切违章心理。凡事预则立，不预则废，对于安全工作，管思想一定要超前，不可让侥幸心理等诸多违章种子在安全生产工作中滋生蔓延。

18　绝对零容忍“出重拳”的案例

2015 年 8 月 12 日，位于天津市滨海新区天津港的瑞海公司危险品仓库发生火灾爆炸事故，即“8・12”天津滨海新区爆炸特别重大安全事故，造成 165 人遇难，包括参与救援处置的公安现役消防人员 24 人、天津港消防人员 75 人、公安民警 11 人，事故企业、周边企业员工和居民 55 人。

如此惨重的事故代价是不允许再重复的。这个事故给予我们的警示是，科学应急救援是安全生产的最后一道防线，必须牢牢守住；在危险化学品领域必须达到隐患排查无死角，持续开展源头治理，消除一切事故隐患，否则任何一点安全的疏忽，都是生命不可承受之重。

2020 年 8 月的一次检查中发现某企业作业现场散落着未来得及撤走的电焊工具和焊条，检查人员首先要求企业人员出示动火作业许可证，并查看了工人的焊工证，查出 8 项问题：

（1）票证内容设置严重不符合《危险化学品企业特殊作业安全规范》（GB 30871—2022）的要求，缺少“动火部位和动火内容”一栏；

（2）完工验收时间是 8 时 20 分，动火开始时间却是 8 时 30 分，动火气体分析时间记录为 8 时 40 分，而该项分析本应该在票证审批之前，全流程时间记录存在诸多矛盾与不合理之处；

（3）动火时间记录为 8 时 30 分—17 时 10 分，超过了一级动火作业票证的最长有效期（8h）；

（4）作业级别被标记为“一级”，但当日是周六，应提级为“特级”；

（5）安全教育人处空缺，很可能没有进行现场安全教育；

（6）涉及的其他危险作业栏处被标记为“无”，事实上现场还有用电作业和登高作业；

（7）危害辨识仅识别了“着火和灼伤”，现场还存在触电、高处坠落等危害；

（8）票证仅有一联，不符合相关规定的“一式三联”要求。

发现这些问题后不到一周，针对该企业存在的重大安全隐患，上级组织坚持“铁面”“铁规”“铁腕”“铁心”，以零容忍的态度，“出重拳”“下狠手”，严肃惩处，守牢安全生产底线，比如对多名负有领导责任的党员干部进行撤销党内职务、政务撤职处分、留党察看、严重警告、政务记大过处分、诫勉处理等，责成有关责任单位召开专题民主生活会，总结教训，深刻反省，并作出深刻检查。当然，对该企业也是高压处理，依据相关法律法规责令该企业停产停业整顿，吊销港口经营许可证、危险化学品经营许可证等相关许可证件，并予以罚款，对该企业相关责任人员依法采取行政拘留措施。

从中看出，处罚之严格应该史无前例，我们对一切有可能引发危险化学品爆炸事故的行为必须零容忍，否则一旦酿成事故，又有谁能担负起失去一个个鲜活生命的责任？这就是坚持“人民至上、生命至上”的具体体现。

19　不足 2m 高处坠落的案例

2021 年 7 月 5 日，上海某企业包装车间码垛岗位一作业平台处，离地面高度约 1.4m，发生一起高处坠落，致一人死亡的事故。

严格意义上，这起事故不应该属于高处作业坠落事故，因为高处作业的定义是坠落高于基准面 2m 及以上的高处进行的作业。然而，高度不足 2m 仍然发生人身伤亡事故，为什么？导致事故伤害的因素不仅仅只有能量，能量大与小是发生事故的必要条件，其充要条件还需关注受害体本身，包括人的身体素质、心理状况等，比如，早上和晚上的时段也是容易出事的时段，这些时段作业人员相对疲劳，思想集中度不够，同时可见度相对较低，从业人员容易产生误操作，应急反应也会变慢，所以即便相同的环境、相同的工种，乃至同样的能量，“早晚更容易出事”。

这起事故给我们的警示是，安全工作应该回归到人这个最本质的核心，任何小处都不能大意，敢于向身边的不安全行为说“不”，敬畏生命，敬畏规章，敬畏职责。新《安全生产法》对人的关注，从仅仅关注人的生理状态，升级到对生理和心理的同步关注，企业应当关注从业人员的身体、心理状况和行为习惯，加强对从业人员的心理疏导、精神慰藉，严格落实岗位安全生产责任，防范从业人员因行为异常而导致事故发生。

对于高处作业，摘录某电力公司的登高作业“十不登”，借鉴参考，实现零事故：

（1）患有登高禁忌证者，如患有高血压、心脏病、贫血、癫痫等的人员不登高；

（2）未按规定办理高处作业审批手续的不登高；

（3）没有戴安全帽、系安全带，不扎紧裤管和无人监护不登高；

（4）暴雨、大雾、六级以上大风时，露天不登高；

（5）脚手架、跳板不牢不登高；

（6）梯子撑脚无防滑措施不登高；

（7）穿着易滑鞋和携带笨重物件不登高；

（8）石棉瓦和玻璃钢瓦片上无牢固跳板不登高；

（9）高压线旁无遮栏不登高；

（10）夜间照明不足不登高。

可以发现，“十不登”主要还是从硬件条件入手，从可操作的层面着手，但缺少了心理状态这个同样重要的因素，主要受限于人员心理状态不易判断和监测。如何准确监测从业人员当时条件的心理状况，还有赖于科学技术水平进步和诚信机制建设，仍然有一段很长的路要走。

20　应急技能不足的惨痛案例

2019年9月29日，浙江省发生一起重大火灾事故，事故造成19人死亡、3人受伤，过火总面积约1100m²，直接经济损失约2380.4万元。

从事故发生厂房的监控视频看到，面对小火，当事人出于本能的灭火举动，如用嘴吹，用盖子扇等行为，暴露出严重的应急技能不足问题，而同在厂房内的其他员工也没有作出正确的反应，殊不知危险已经近在咫尺，暴露出缺乏最基本的风险防范意识。如果当事人能够使用就在身边的灭火器，如果其他员工发现火情第一时间疏散，如果厂房内应急疏散通道没有被锁闭……，可事故已经发生，已经没有那么多如果了。

这次事故调查报告指出，企业安全生产管理混乱，未组织制定安全生产规章制度和操作规程，未组织开展消防安全疏散逃生演练，未组织制定并实施安全生产教育和培训计划，未在事故发生第一时间组织人员疏散逃生。所有这些“未”都是企业安全生产主体责任不落实的具体体现，就“安全知识和应急技能培训”而言，事故发生前一遍遍强调重要性，口头上说得多，行动上做得少，正应验“安全说起来重要，干起来次要，忙起来不要”，事故发生后一次次调查原因，总是责任不落实，培训走形式，终于酿成人财两空的恶果。

这件事故给我们的直接警示是，再也不能在口头上喊一喊安全教育培训的重要性了，如果还是走过场，应付检查，等到真正出现事故需要派上用场时，却一无所知，束手无策，那为时晚矣。

警钟须长鸣，“小火大难”的悲剧不能再重演。

据统计，消防员平均每15秒就有一起救助救灾的行动，让我们谨记消防“四懂四会四能力”，以最大努力减少消防安全事故。

（1）四懂：①懂得岗位火灾的危险性；②懂得预防火灾的措施；③懂得扑救火灾的方法；④懂得逃生疏散的方法。

（2）四会：①会使用消防器材；②会报火警；③会扑救初起火灾；④会组织疏散逃生。

（3）四个能力：①提高社会单位检查消除火灾隐患的能力；②提高社会单位组织扑救初起火灾的能力；③提高社会单位组织人员疏散逃生的能力；④提高社会单位消防宣传教育培训能力。

通过这些安全能力建设，对于个人，加强安全知识和应急技能提升，当面对火情时能第一时间作出正确的反应与处理，对于企业，强化安全责任和体系保证，构筑起捍卫安全生产的坚强堡垒。

21　涉嫌危险作业罪的案例

2021 年 3 月 8 日，某地区应急管理部门在执法检查某企业时，发现该企业仓库里堆放了大量危化品，内有满瓶二氧化碳、氧气、乙炔、混合气体、氮气等气瓶共计 176 瓶，但该企业并未取得储存设施危化品经营许可证，且该仓库不具备存放危化品的安全条件。经过立案侦查，该地区公安局次日就对企业负责人涉嫌以危险作业罪进行刑事拘留。

这是《刑法修正案（十一）》施行后，该地第一个以危险作业罪论处的案例。《刑法》第一百三十四条之一规定：

在生产、作业中违反有关安全管理的规定，有下列情形之一，具有发生重大伤亡事故或者其他严重后果的现实危险的，处一年以下有期徒刑、拘役或者管制：

（一）关闭、破坏直接关系生产安全的监控、报警、防护、救生设备、设施，或者篡改、隐瞒、销毁其相关数据、信息的；

（二）因存在重大事故隐患被依法责令停产停业、停止施工、停止使用有关设备、设施、场所或者立即采取排除危险的整改措施，而拒不执行的；

（三）涉及安全生产的事项未经依法批准或者许可，擅自从事矿山开采、金属冶炼、建筑施工，以及危险物品生产、经营、储存等高度危险的生产作业活动的。

过去常见的“关闭”“破坏”“篡改”“隐瞒”“销毁”以及“拒不执行”“擅自”活动等违法行为，将不再只是行政处罚，或将被追究刑事责任。这是我国《刑法》第一次对未发生重大伤亡事故或者未造成其他严重后果，但有现实危险的违法行为提出追究刑事责任。危险作业罪，从结果犯转变为过程犯，是安全生产关口前移管理的重要保障和生动写照。据统计，自《刑法修正案（十一）》实施以来至 2022 年 12 月，检察机关共受理审查起诉危险作业罪 3011 起、4521 人，占受理危害生产安全犯罪案件总量的 35.7%。

这个事故案例给我们的警示是，对已发生或已造成的事后“结果犯”论处，坐的牢再久，罚的钱再多，也换不回因安全事故失去的生命，但如果未发生，且有现实危险的，处以“危险犯”，其实更符合安全的本质。安全工作正确的打开方式应该是如履薄冰，是时时放心不下，安全生产总也没有松口气的时候，总也没有拍胸脯的时候，总也没有干到位的时候。

让我们重温下唐代杜荀鹤的这首《泾溪》。

泾溪石险人兢慎，
终岁不闻倾覆人。
却是平流无石处，
时时闻说有沉沦。

第五篇

他山之石

《诗经·小雅·鹤鸣》有语，“他山之石，可以攻玉”。在安全生产发展的历史进程中，许多企业积累了许多有用、好用、管用的方法，并一再为实践所检验，引进、消化、吸收，再创新，无疑是站在巨人的肩膀上更进一步，在快节奏信息化的当下，尤其需要通过这样的途径干事。

尊重首创，借鉴吸收好的做法，是提升安全管理的重要途径，辩证看问题，吹灭别人的灯，并不会让自己更加光明。列举的这些先进做法中，有实操，也有理念，有大集团，也有小企业，形式各异，方法不一，需要结合自身的实际，有针对性地借鉴应用，不可生搬硬套，更不能亦步亦趋，没有自己的思考和想法。

22 本质安全型企业建设

本质安全是生产企业内在的预防和抵御事故风险的能力，是人员、设备、环境、管理等核心要素的和谐统一。本质安全是企业安全生产的终极目标，强化本质安全是深入做好安全生产工作的必然要求，是确保安全生产长治久安的治本之策。

华电集团本质安全型企业建设贯彻“一切风险皆可管控，一切事故皆可预防，一切隐患皆可消除”理念，坚持“预防为主、源头管控，依法治理、系统建设，整体协同、齐抓共管，典型引领、创新驱动”原则，建立健全自我约束、持续改进的内生机制，力争实现人员“零死亡”，最终实现“人员无违章、设备无缺陷、环境无隐患、管理无漏洞”的“人、机、环、管”和谐统一的本质安全状态。

1. 人员方面

坚持以人为本，提升全员安全技能和综合素质，提高对作业安全风险的辨识、控制能力。做好生产技术人员的培养和储备。稳定关键岗位安全生产一线力量。明确企业负责人、安全管理人员等关键岗位安全素质、能力准入条件，配强、优选各级安全生产指挥和管理力量。加强安全监督，保障力量建设。

2. 设备方面

抓好源头治理，严格执行安全设施“三同时”制度，强化技术保障，认真落实反事故技术措施，规范重大危险源管控。实施严格的生产工艺、技术、设备安全标准。采用先进工艺技术装备，推广人、机闭锁等本质安全措施。运用技术手段对企业建设、生产过程中的不安全因素进行排查、消除、预防、减弱、隔离、连锁和警告，提高设备系统本质安全化水平。

3. 环境方面

全面落实作业环境本质安全管理要求，开展隐患整治，强化“不安全不工作”要求。深化7S（整理、整顿、清扫、清洁、素养、安全、节约）管理和安全目视管理。突出抓好作业环境本质安全重点要求的岗位培训、分解和落实工作。

4. 管理方面

建立严密的责任体系、科学的作业规程、严格的法治措施、有效的体制机制、有力的基础保障和完善的系统治理，完善以安全风险管控和隐患排查双重机制为重点、标准化建设为核心的本质安全管理体系，做到安全生产各项工作目标明确、标准完善、流程清晰、动态对标、闭环管理、持续改进，开展事故易发领域重点治理，切实增强安全防范治理能力。加强应急体系建设，强化准备，响应迅速，加强与地方政府相关部门沟通联络和应急联动，确保事故处置与救援安全高效。

华电集团建立了具有特色的三套体系，即本质安全企业建设管理体系、标准体系和查评体系，开展本质安全星级企业创建活动，检验体系运转与建设效果，不断提升本质安全水平。

（1）本质安全管理体系基本规范从“人、机、环、管”四个要素方面入手，涵盖与生产企业相关的所有法律法规、标准规范及与本单位安全生产相关的所有规章制度、规程标准。

（2）本质安全企业标准体系基于管理体系，根据本单位的生产系统、组织机构、专业、工作流程或管理程序等确定企业本质安全建设标准框架及单元。

（3）本质安全企业查评体系按照全员、全过程、全方位、全要素、全覆盖的原则，明确安全生产管理和现场作业中“人、机、环、管”四要素本质安全管控工作要求，制定星级企业查评标准。

同时，在本质安全企业建设工作中，鼓励创新使用技防、物防、人防和安全管理创新等措施，特别是采用技防措施提升生产企业的本质安全水平。

23 安全生产“十带头”

我们知道，动车前行，既要有车头在前面拉动，又要有每个自带动力的车厢一起使劲，形成了一致向前的合力，这就是动车效应。车头掌舵坚持正确方向，是动车能够安全抵达目的地的关键所在，中能建集团积极践行有感领导，制定安全生产“十带头”，如图 5-1 所示，以上率下，以身作则，推进安全生产工作。

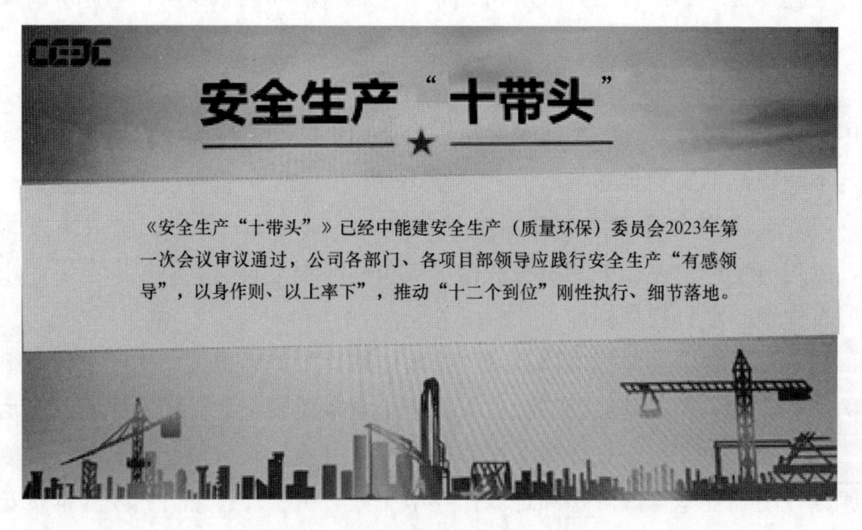

图 5-1 中能建安全生产“十带头”

这十个带头抓住了关键少数，而企业总经理、项目经理等都是安全生产工作的“第一责任人”，抓住了关键少数，也就抓住了安全生产工作的重点。

(1) 带头宣贯和践行安全理念，运用会议、培训、专题活动、评审、检查等多种形式，宣讲安全理念和知识，剖析事故案例，分享安全管理经验，一级带动一级，引导全体员工牢固树立安全发展理念，掌握安全生产标准和要求，提高安全生产素质和能力。

(2) 带头谋划推动安全生产工作，结合岗位实际制定或落实个人安全生产行动计划，确保安全生产与本岗位工作同谋划、同实施、同检查、同改进，坚决做到三管三必须。

（3）带头学习和遵守安全生产规章制度，认真学习并自觉遵守安全生产规章制度，及时制止和纠正身边的违规违章行为，不搞特殊、不搞变通、不走过场，维护规章制度严肃性、权威性。

（4）带头保证安全投入，在管辖范围内保证人力、物力、财力等安全投入，保障和改善安全生产条件，提高本质安全水平。

（5）带头开展安全风险辨识评价和管控，定期组织开展安全生产风险辨识评价，摸清本单位本部门本岗位风险底数，落实管控责任和措施。

（6）带头开展安全生产检查，将安全生产纳入本岗位监督检查范围，定期深入基层一线检查安全生产工作，传导安全生产责任和压力，督促解决重点难点问题，防范化解重大风险隐患。

（7）带头开展应急处突，突发事件发生后，第一时间研判信息，第一时间启动响应，亲自部署指挥应急处突，最大限度减少损失和负面影响。

（8）带头开展安全生产经验反馈，在本岗位工作中定期开展安全生产经验反馈，学习借鉴良好实践，吸取事故事件教训，举一反三，持续改进。

（9）带头履行安全生产承诺，主动向社会和员工作出安全生产承诺，自觉接受安全生产社会监督、舆论监督和企业内部监督，诚恳接受意见建议。

（10）带头检视个人安全行为，结合组织生活会、安全生产委员会会议、工作报告、工作述职等，自我检视个人安全行为，以知促行、以行促知，做到知行合一。

24 “天字号”工程

安全生产的方针是“安全第一、预防为主、综合治理”，安全第一是做好所有安全生产工作的出发点和落脚点，安全第一就是说安全是企业的头等大事，以基建工程为例，当工期、成本、效益等与安全发生矛盾时，应让步于安全，确保安全生产，把“安全第一”落到实处。

中海油集团历来把安全生产工作作为“天字号”工程，提出“天字号”工程作为安全生产工作的代名词，非常鲜明突出了安全第一的地位，辨识度非常高。“天字号”工程以安全风险管控为核心，以体系运行为抓手，全面落实企业主体责任，建立全员安全生产责任制，加强安全风险管控、强化全员健康安全和环境（HSE）培训，持续提升重大风险防范能力和应急处置能力，扎实开展各项安全生产工作。

（1）建立“安全第一、环保至上，人为根本、设备完好”的健康安全和环境（HSE）核心价值理念。

（2）建设“人本、执行、干预”安全文化体系。

（3）形成中海油特色 HSE 体系管理框架，简称“CHSEMS”框架，如图 5-2 所示，包括十大元素：

1）领导力与责任。

2）组织、人员与安全文化。

3）风险评估与管理。

4）承包商管理。

5）设计与建造。

6）实施与运行。

7）信息沟通与共享。

8）危机和应急管理。

9）事故事件管理。

10）检查、审核与管理评审。

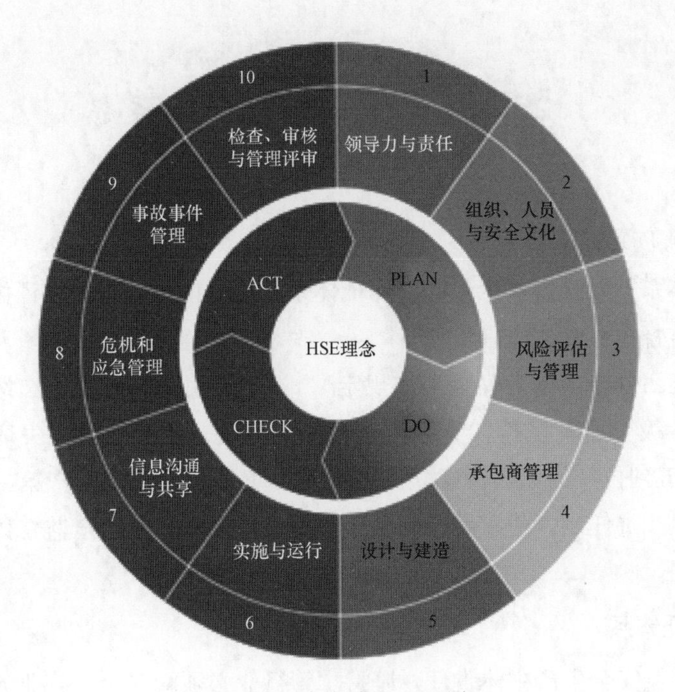

图 5-2　中海油 HSE 理念

（4）推行“六个责任”。

1）准确把握安全“天字号”工程的定位，进一步夯实各单位安全生产的主体责任；

2）强化“一把手”的推进力度，进一步夯实各单位主要领导的第一责任；

3）坚持“三个必须”的原则，进一步夯实业务分管领导和业务部门的管理责任；

4）强化担当负责的精神，进一步夯实基层班组的直接责任；

5）深化“人本、执行、干预”安全文化建设，进一步夯实基层员工的岗位责任；

6）坚持“严、实、快、新”工作作风，进一步夯实安全管理部门的监督责任。

25 两个体系和三个体系

一、两个体系

两个体系一般是指安全生产的保证体系和监督体系，其中保证体系落实主体责任，监督体系落实监督责任。

华电集团颁布《电力安全工作规定》，规定集团公司总部、二级单位、基层企业等各级企业应坚持“党政同责、一岗双责、齐抓共管、失职追责”和“五落实、五到位”的原则，建立以各级主要负责人为安全生产第一责任人的全员安全生产责任制，建立健全安全生产保证体系和安全生产监督体系，并充分发挥作用。

1. 保证体系

落实企业安全生产主体责任，坚持“管行业必须管安全，管业务必须管安全，管生产经营必须管安全”和“谁主管、谁负责”的原则，推进全员、全过程、全方位安全管理。在计划、布置、检查、总结、考核生产工作的同时，计划、布置、检查、总结、考核安全工作，建立持续改进的安全工作长效机制。

2. 监督体系

建立安全生产监督制度，成立自上而下的安全监督组织机构，形成完整的安全监督体系，按规定设立安全总监，配齐专（兼）职安全监督人员，行使安全监督职能。

其中，“五落实”的内涵是：

（1）落实“党政同责”要求，董事长、党组织书记、总经理对本企业安全生产工作共同承担领导责任；

（2）落实安全生产“一岗双责”，所有领导班子成员对分管范围内安全生产工作承担相应职责；

（3）落实安全生产组织领导机构，成立安全生产委员会，由董事长或总经理担任主任；

（4）落实安全管理力量，依法设置安全生产管理机构，配齐配强注册安全工程师等专业安全管理人员；

（5）落实安全生产报告制度，定期向董事会、业绩考核部门报告安全生产情况，并向社会公示。

“五到位”的内涵是安全责任到位、安全投入到位、安全培训到位、安全管理到位、应急救援到位。

二、三个体系

无独有偶，国家电投建立健全安全生产三大责任体系，并发布体系建设指导意见，涵盖了企业各部门各岗位的安全生产责任，是落实“三管三必须”的具体体现。何为三个体系？安全生产三个体系是指保证责任体系、监督责任体系和支持责任体系。

1. 安全生产保证责任体系

直接从事与安全生产有关的部门和岗位，比如生产技术部、运行检修部、设备管理部、基建项目部等。

2. 安全生产监督责任体系

以安全监督部门为主，直接从事安全监督工作的安全管理部门，比如安全监督部、各部门专兼职安全员等。

3. 安全生产支持责任体系

为安全生产提供人、财、物的支持性部门和岗位，比如财务部、人力资源部、政工部、纪委办、工会办、物资采购部门等。

通过三个责任体系，构建完善安全生产综合治理体系，落实“党政同责、一岗双责、齐抓共管、失职追责”和“三管三必须”要求，充分发挥安全生产三个体系作用，强化安全生产协同效应。

26 安全信用积分

不可否认，承包商管理确实是当前安全管理的难点与痛点。当业主单位安全监督管理的力量介入时，外包队伍已经通过招投标确定，然而由于长期以来最低价中标的政策导向和招投标制度不完善，外包单位用工形式和用工环境复杂多变，外包单位人员素质低下、安全意识淡薄、安全技能不高等因素，管理难度和强度都将大大增大，势必增大安全隐患。因此，从源头上控制准入优质的外包队伍与外协人员，无疑是承包商安全管理的首选。目前在项目可行性研究阶段和招投标阶段主要是安全费用投入和安全文明施工的要求与响应，如何精准管控准入并选用确实优质的外包队伍，值得进一步研究创新。安全信用积分动态评估就是一种非常有益的探索。

安全信用积分动态评估是一种全过程管控的管理方式，即从项目立项阶段，到项目验收出场与后评价，整个过程业主单位都能实现对相关方的实时监督、管理、控制与评价。

如图 5 - 3 所示，在外委工程立项阶段，发包单位以一定的标准确定项目的安全风险等级，依据工程安全风险等级确定安全信用积分在技术评分中的权重；投标阶段，发包单位招标部门或招标代理机构将投标单位的安全信用积分按照权重折算在技术评分中，并以此进行评标；在外委工程实施过程中，建立承包单位和分包单位安全信用档案，根据相应的信用评估细则进行实时监督、管控；在验收阶段，统计分析外委工程的安全信用积分，制定相关标准并实施分级管理，同时将确认的安全信用积分反馈至招投标机构，形成全过程闭环管理。

以某发电厂为例，探索应用实施安全信用积分评估开展承包商安全管理。根据实际情况，制定项目安全风险等级的确定标准、安全信用积分权重的确定标准、安全信用评估细则以及分级管理的原则。

1. 安全风险等级的确定标准

风险等级的确定可根据生产企业的实际情况进行确定，依据工程总投资及同一时刻施工现场人员数量确定，划分为四个等级。

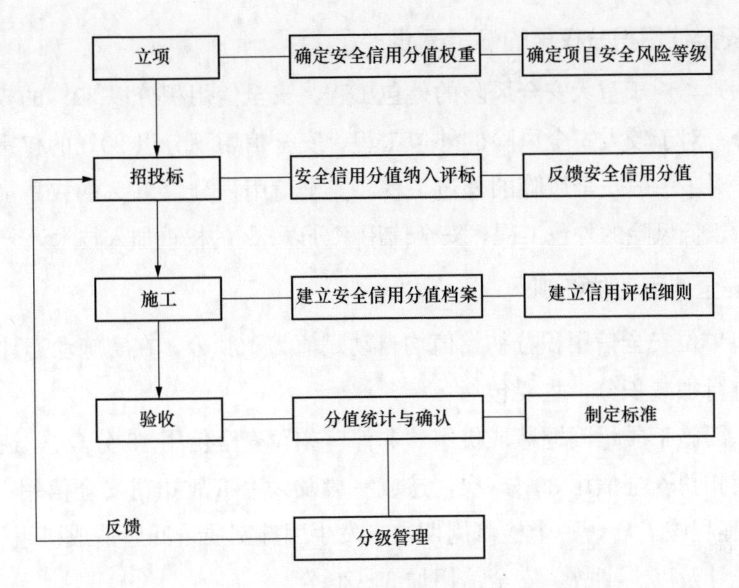

图 5-3　安全信用积分全过程评估流程图

（1）重大安全风险：总投资在 500 万元及以上的工程；同一时刻施工现场人员数量在 30 人及以上的工程；作业过程存在很高的安全风险，不加控制可能发生特别重大事故的工程（如锅炉酸洗、油罐清洗、环保设施防腐、锅炉本体内检修、烟囱防腐等）。

（2）较大安全风险：总投资在 500 万元以下 100 万元及以上的工程；同一时刻施工现场人员数量在 30 人以下 10 人及以上的工程；不加控制可能发生重大及以上事故的工程（如脚手架或临时检修平台上作业、大型起吊作业、防火重点部位或场所的作业、高温高压设备上作业、土石方工作、转动设备附近、受限空间内部、电气设备附近、高温高压设备附近等区域作业）。

（3）一般安全风险：总投资在 100 万元以下 20 万元及以上的工程；同一时刻施工现场人员数量在 10 人以下 3 人及以上的工程；作业过程存在安全风险，不加控制可能发生较大及以上事故的工程（如已停运单一设备的安装、检修、改造、调试）。

（4）低安全风险：总投资在 20 万元以下的工程；同一时刻施工现场人员数量在 3 人以下的工程；作业过程存在较低安全风险，不加控制可能发生一般及以上事故的工程（如长协劳务服务工程）。

2. 安全信用积分权重的确定标准

一般地，对于重大安全风险的外包工程，安全信用积分以 30%的权重加入技术评分；对于较大安全风险的外包工程，安全信用积分以 20%的权重加入技术评分；对于一般安全风险的外包工程，安全信用积分以 10%的权重加入技术评分；对于低风险的外包工程，安全信用积分以 5%的权重加入技术评分。

3. 安全信用评估细则

承包单位安全信用积分初始值均自动赋值为 100 分，在实施动态评估过程中实时进行加减积分，主要包括：

（1）因施工质量问题造成机组“非停”扣罚安全信用 15 分/次，造成内部统计事故扣罚安全信用 30 分/次，造成一般及以上事故扣罚安全信用 50～100 分/次；工程竣工后，一个检修周期内未发生因施工质量问题造成机组“非停”或内部统计及以上事故，安全信用加 5～20 分。

（2）评标时发现投标单位无资质、假冒资质、借用资质，扣罚安全信用 50 分/次。

（3）施工过程发现承包单位非法转包扣罚安全信用 50 分/次，分包给不具备安全生产条件和相应资质的分包单位，扣罚安全信用 20 分/次。

（4）未经发包单位同意或未办理开工手续，擅自开工，扣罚安全信用 20 分/次。

（5）施工人员未接受安全教育培训考试和安全技术交底，进入施工现场，扣罚安全信用 2 分/人次。

（6）施工安全方案（措施）落实不到位，扣罚安全信用 2～5 分/处。

（7）承包单位在投标、设计、施工、验收等全过程，未违反国家、行业有关安全生产的法令、法规以及本办法要求；严格执行工程合同和安全管理协议，遵守安全承诺；施工全过程未发生人身伤亡和设备损坏事故，安全信用加 5～20 分。

4. 分级管理

根据承包商在企业的项目额度不同，进行加权平均计算，充分考虑承包商人员数量、工程时间因素的影响，更加公平合理，公式为

$$安全信用积分 = \frac{\sum 单个项目安全信用积分 \times 相应项目合同额}{\sum 单个项目合同额}$$

对承包商实行信用等级管理，安全信用积分在85分以上的划为A级，对安全信用积分在70～85分（不含85分）的划为B级，对安全信用积分在50～70分（不含70分）的划为C级，对安全信用积分在50分以下（不含50分）的划为D级。实行末位淘汰制度，当年度安全信用积分均不低于70分时，倒数3名承包单位自动列入C级管理。

对信用等级为C级、D级的承包单位，将列入黑名单库，实行阶段退出。对于C级承包单位暂停6个月厂内所有项目的投标资格；对于D级承包单位，暂停1年厂内所有项目的投标资格。禁止投标期限满后，其评分恢复至85分。对于阶段清退的承包单位如重新进入电厂参与投标活动，需承包单位法人出具安全诚信保证书，并经安全诚信管理工作小组评审通过。如连续两年被评为D级，将永久列入黑名单。

表5-1列出了某公司发包工程招标承包单位安全诚信评分表。

表5-1　　　　某公司发包工程招标承包单位安全诚信评分表

工程名称			
安全风险等级		工程立项部门负责人（签名）	
投标单位	安全诚信分值	在技术评分中的权重	得分
安全监察部负责人（签名）： 年　月　日		招标管理中心（签名）： 年　月　日	

某厂实施安全信用动态积分评估进行承包商管理以来，充分激发了承包商自我管理，主动加强现场管理，增加安全防护设施投入，加大失信惩戒力度，自主开展特色培训活动，促进承包商之间的良性竞争。经统计，2018 下半年日违章发生率同比 2017 年下降 19%，效果显著。

27　煤矿事故法则

在安全生产领域有一个著名的事故法则，即海因里希法则，又称“海因里希安全法则”“海因里希事故法则”或“事故法则”，是美国著名安全工程师海因里希提出的。

如图 5-4 所示，海因里希法则的表述很简单，死亡或重伤：轻伤：无伤害事故的比例是 1：29：300，这是当时条件下机械行业的统计结果。

当时，海因里希统计了 55 万件机械事故，其中死亡、重伤事故 1666 件，轻伤 48 334 件，其余则为无伤害事故。从而得出一个重要结论，即在机械事故中，死亡或重伤、轻伤或故障以及无伤害事故的比例为 1：29：300，国际上把这一法则叫事故法则。

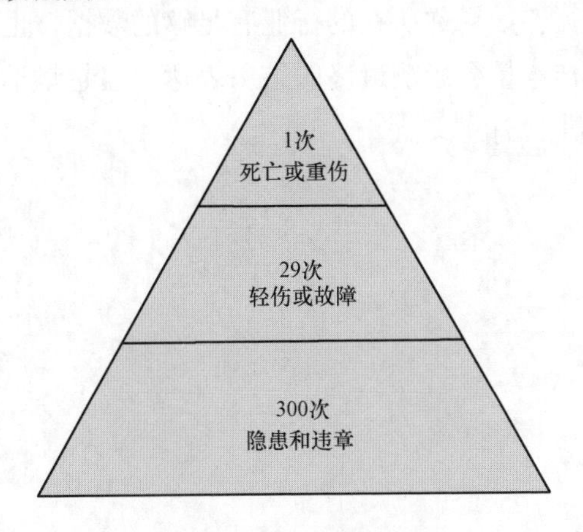

图 5-4　海因里希法则

海因里希法则提醒我们，任何事故的发生都不是偶然的，事故的背后必然隐藏着大量的隐患、大量的不安全因素。因此，排除身边人的不安全行为、物的不安全状态、管理上的缺陷等各种隐患是企业的首要任务。只有把隐患排查治理工作做实做细，消除一切不安全因素，才能真正做到杜绝事故发生。

我国煤矿行业根据行业的统计结果，得出了煤矿事故法则，如图 5-5 所示，即死亡：重伤：轻伤的比例是 1：10：300，即在煤矿行业，当一个企业

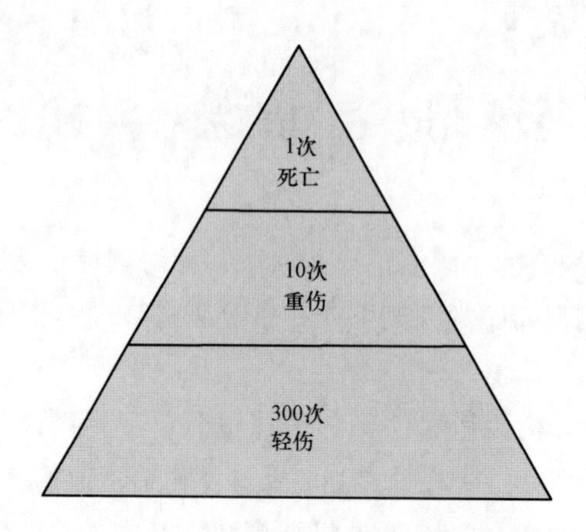

图 5-5　我国煤矿行业事故法则

有 300 起轻伤，必然要发生 10 起重伤，还有 1 起死亡，显然比海因里希当年统计的机械行业要危险得多，煤矿行业在我国一直属于高危行业。

那么其他行业呢？如果你所在的行业有足够的数据，也可以得出相应的事故法则，当然数据样本量会影响最终的结果表达，但趋势不会变，对指导行业内的安全生产工作非常有意义。

28 安全激励

企业总会不自觉地选择“处罚”作为一种管理手段，但我们仍要清晰地认识到，惩罚往往教会员工如何避免被处罚，而没有教会如何养成良好的安全行为习惯。激励提供了一种解决方案。

激励，属于管理学术语，就是组织通过设计适当的奖酬形式和工作环境，以及一定的行为规范和惩罚性措施，借助信息沟通，来激发、引导、保持和规范组织及组织内个人的行为，以有效地实现组织及其个人目标。安全管理是管理学的分支，安全激励也是安全管理的有效手段，各区域各领域都在积极探索。

表5-2是根据《黑龙江省安全生产领域举报奖励办法》（黑应急联〔规〕发〔2022〕1号）和《山东省安全生产举报奖励办法》（鲁应急发〔2021〕3号）文件整理形成，我们可以看到安全生产举报的奖励额度非常吸引人，也说明了安全生产领域对隐患和违法行为的零容忍，通过有奖举报，充分调动了群众参与安全生产工作的积极性和主动性，有力促进形成人人讲安全、事事为安全、时时想安全、处处要安全的浓厚氛围，让隐患和违法行为没有生存空间。

表5-2　　安全生产举报奖励

省份	山东省	黑龙江省
举报一般隐患	500～5000元	—
举报安全生产重大事故隐患或违法行为	行政处罚金额的50%，5000～50万元	行政处罚金额的15%，3000～30万元
举报瞒报、谎报事故	一般事故按每查实瞒报谎报1人奖励3万元计算，较大事故按每查实瞒报谎报1人奖励4万元计算，重大事故按每查实瞒报谎报1人奖励5万元计算；特别重大事故按每查实瞒报谎报1人奖励6万元计算。最高奖励不超过50万元	一般事故按每查实瞒报谎报1人奖励3万元计算，较大事故按每查实瞒报谎报1人奖励4万元计算，重大事故按每查实瞒报谎报1人奖励5万元计算；特别重大事故按每查实瞒报谎报1人奖励6万元计算。最高奖励不超过30万元

续表

省份	山东省	黑龙江省
其他事项	若是生产经营单位从业人员（包括配偶、父母、子女）举报，奖励金额上浮20%	若是生产经营单位从业人员举报，奖励金额上浮20%

在安全生产领域有一个著名的法则，即慧眼法则，福特公司一大型电动机发生故障，很多技师都不能排除，最后请德国著名的科学家斯特曼斯进行检查，他在认真听了电动机自转声后在一个地方画了条线，并让人去掉16圈线圈，电动机果然正常运转了。他随后向福特公司要1万美元作酬劳。有人认为画条线值1美元而不是1万美元，斯特曼斯在单子上写道："画条线值1美元，知道在哪画线值9999美元"。在安全隐患检查排查上确实需要"9999美元"的慧眼。

很多企业借鉴了这些做法，积极探索"一眼值千金""安全积分超市""安全卫士""安全真英雄"等形式各异且丰富多彩的安全激励措施，值得我们学习、创新、应用。

29　双述与三述

为了“确认，再确认”以保“万无一失”，在电力行业、煤矿行业等积极探索了安全双述、安全三述等非常管用的作业安全管理方法，特别是检修维护作业安全管控。

安全双述是“岗位安全责任描述”与“手指口述”的结合。作业人员根据其自身工作岗位进行“岗位安全责任描述”与现场危险点及防范措施的描述，再结合“手指口述”安全确认法，检查防范措施到位，形成风险识别、安全确认和安全操作的闭环流程，进一步培养职工岗位安全操作习惯，规范操作者行为，杜绝操作失误，有效避免事故发生。

岗位安全责任描述，是作业人员通过对自身岗位、环境、设备、责任、规程及安全隐患的描述，使岗位人员掌握应知应会，提高岗位安全系数。

危险点及防范措施描述，要求作业人员在明确个人岗位安全职责的前提下，对危险作业步骤、要求、环境因素等进行综合分析，找到风险点及防控措施。

安全三述是“岗位描述”“手指口述”与“环境描述”的结合。推行“一岗三述”安全确认作为一项强化安全管理基础、落实安全规章制度、规范职工安全行为、培育安全文化的管理工程，突出体现了全员、全过程、全方位安全管理，有利于提高安全管理水平。

安全双述与三述，和日本的“STOP 5 秒”有异曲同工之妙。

20 世纪 90 年代，日本企业在推行风险预知训练过程中，发明了一种被称为“STOP 5 秒”的小方法，它对提高从业人员安全意识，增强风险评估能力，具有非常有意义的作用，从而减少伤害和意外事件。

什么是“STOP 5 秒”？即从业人员在做每一项工作前，不急于动手，而是先停下来想一想，事先观察并评估作业风险，采取安全措施后，再开始工作的一种行为习惯。

具体步骤如下：

（1）观察：观察工作区域和周围环境；

（2）思考：思考整个作业步骤和规范要求；

（3）评估：评估作业步骤和作业行为是否会造成危害或危险；

（4）计划：如果评估判断相关作业行为会对自己或他人造成危险，应立即采取对策措施，进行风险管控。

通过督促员工在作业前、作业中、作业后的安全思考，促进自主评估作业环境、工具、程序、组织、个人防护中的风险和注意事项，采取有效的防控措施，消除作业过程安全隐患，提高员工自主安全意识，从而避免发生安全生产事故。

STOP 这 5 秒，或者更长的时间，应该好好想一想：

想一想操作流程

想一想操作要求

想一想使用规范

想一想风险危害

想一想防控措施

想一想应急措施

……

想一想的过程，要有足够的“质疑”精神，是否看清风险、摸清底数，是否采取有效防控措施，怎么样更好地防范风险，多想一步，切忌盲目而为。

30　“五型”班组

班组建设是打通安全生产管理“最后一公里”的关键，各项安全生产工作的部署落地在班组，执行在班组，检验在班组，因此班组建设非常重要。

“五型”班组建设具体的做法包括：

（1）制定“五型”班组标准，即“安全环保型、管理质量型、清洁节约型、学习创新型、人文和谐型”（简称“五型”）标准。

（2）制定考评办法和细则。

（3）开展班组建设考评，分为标杆班组、优秀班组、先进班组、达标班组。

通过逐级创建、分层表彰，激励先进、树立典型，提升班组管理水平，激发班组活力，进一步夯实安全生产基础。安全型班组的几点典型做法如下：

1. 落实安全责任

（1）安全责任制。安全保障和安全监督体系健全，责任明确，运转正常。班组长为班组安全第一责任人，班组长与班组成员签订年度安全责任书，目标层层分解，责任落实到位。

（2）年度安全目标。严格执行本单位安全生产奖惩制度，各项保障措施落实到位，确保年度安全目标完成。

2. 加强安全管理

（1）人身安全。严格执行“两票三制”，做到“四不伤害”，各种人防、技防措施到位，特种作业持证上岗，劳动保护用品按要求配备和使用。

（2）设备安全。设备管理责任划分明确，界面清晰。能按时、高效完成“两措”（反事故措施和安全技术劳动保护措施）计划，主要设备完好率达100％。

（3）环境安全。安全设施完善，安全工器具定期检验、齐全完好。开展危险源辨识、危险点分析，制定保障措施并落实到位。

（4）应急管理。应急管理组织体系健全，安全预警机制完善，应急预案完备，定期开展应急演练、事故预想和反事故演习。应急物资配备齐全，消防器材完好并定期检验。

3. 组织安全活动

（1）安全学习。班组每周开展一次安全学习教育，学习上级印发的安全文件、规程、通报，学习本单位规定学习的内容及工程施工、大修、特殊工作安全技术措施，讨论安全生产存在的问题，总结、分析班组本周安全生产情况，按照“四不放过”原则，举一反三，吸取经验教训，提高职工安全防范意识。

（2）安全专项活动。开展安全大检查、安全性评价、班组作业前安全“三查”（班前检查、班中检查、岗位自查）等专项活动，不断强化安全技能培训和演练，提升员工安全技能。

（3）安全氛围。加强安全文化建设，广泛发动、全员参与开展“安康杯”竞赛、无违章班组创建等活动，营造职工关注安全、保障安全的良好氛围。

31　安　全　日　历

质量管理学上有一个非常好的工具，即 PDCA 循环，也称戴明环。PDCA 循环的含义是将管理分为四个阶段，即 Plan（计划）、Do（执行）、Check（检查）和 Act（处理）。这种方法同样适用于安全生产领域。做好安全管理，首先要有前瞻策划，形成有部署、可执行的全年安全工作计划。如何更好地公布计划，让组织内的全员都能充分了解，给予支持，并积极参与？安全日历就是一种不错的尝试。某公司将全年的安全生产计划，如图 5-7 所示，按月分解，并把月重点工作表示在显眼位置，经过设计形成一本日常经常使用的精美日历本，随时可以翻阅当月的安全生产重点工作，形成人人关注安全、人人参与安全的良好环境。

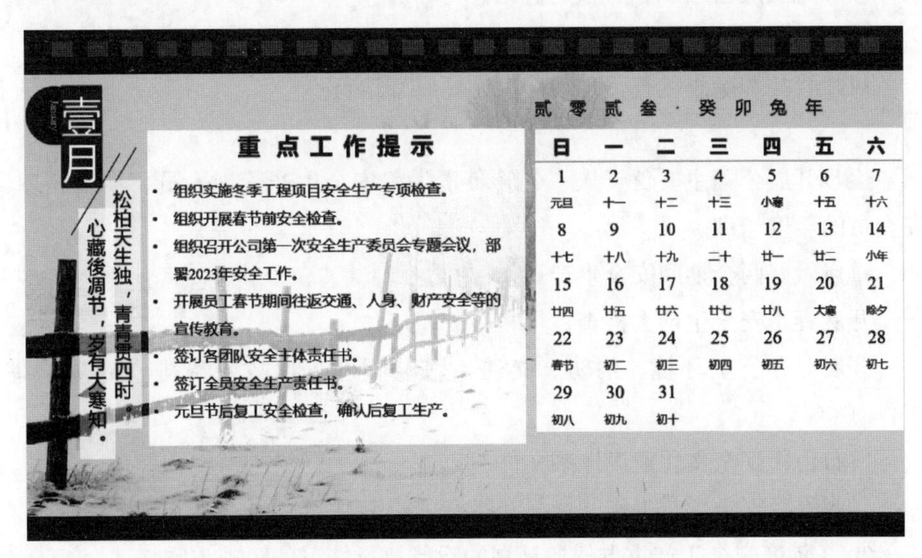

图 5-7　某公司安全日历 2023 年 1 月情况

某公司 2023 年安全日历本上每月的安全生产重点工作摘录如下：

1 月：

组织实施冬季工程项目安全生产专项检查。

组织开展春节前安全检查。

组织召开公司第一次安全生产委员会专题会议，部署 2023 年安全工作。

开展员工春节期间往返交通、人身、财产安全等的宣传教育。

签订各团队安全主体责任书。

签订全员安全生产责任书。

元旦后复工安全检查，确认后复工生产。

2 月：

组织公司主要负责人、分管负责人、安全生产管理人员和各团队负责人进行节后的隐患排查治理工作。

组织开展春节后复工复产安全培训和安全意识宣传。

开展公司首届安全应急技能比武。

制定公司年度安全管理制度废改立计划。

参加施工反措培训、考核与总结。

2023 年度安全生产重点任务计划的运行执行情况的跟进与监督。

风险管控和隐患排查治理预防机制更新和运行。

3 月：

逐步开展公司主要负责人、分管负责人、安全生产管理人员、项目经理、安全员的年度培训。

重点做好两会期间安全生产工作。

开展春季安全生产大检查。

开展对办公室环境、消防、交通、用电等进行事故隐患排查专项治理工作。

发布公司安全文化建设体系文件。

对一季度安全生产工作的情况和指标进行汇总。

2023 年度安全生产重点任务计划的运行执行情况的跟进与监督。

风险管控和隐患排查治理预防机制更新和运行。

4 月：

做好 2023 年职业病防治法宣传周活动。

跟进春季安全生产大检查工作。

组织职业卫生的事故隐患排查治理，对制度、档案、劳动防护用品、员工体检等进行隐患排查。

增强员工消防意识，预防清明期间火患。

发布公司工程项目安全生产标准化作业指导手册。

2023 年度安全生产重点任务计划的运行执行情况的跟进与监督。

风险管控和隐患排查治理预防机制更新和运行。

5 月：

制定 2023 年安全生产月活动方案，提前开展费用申请和物资采购。

制定 2023 年防暑降温工作方案，督促各团队做好相关准备。

组织对夏季防汛、电气等方面进行事故隐患排查治理工作，开展工程项目防雷安全检查。

2023 年度安全生产重点任务计划的运行执行情况的跟进与监督。

风险管控和隐患排查治理预防机制更新和运行。

6 月：

开展 2023 年安全生产月活动，包括但不限于宣传培训、隐患排查、应急演练、咨询日活动等。

组织主要负责人、分管负责人、安全生产管理人员、各团队负责人、项目经理和安全员开展安全月事故隐患排查治理工作。

对二季度安全生产工作的情况和指标进行汇总。

2023 年度安全生产重点任务计划的运行执行情况的跟进与监督。

风险管控和隐患排查治理预防机制更新和运行。

7 月：

组织开展安全生产月活动总结。

组织开展上半年安全生产工作总结。

确保防暑降温相关方案措施得以执行。

确保防汛、防涝、防台、防雷隐患排查完毕，相关应急方案落地。

开展夏季工程项目作业安全知识宣传及培训工作。

2023 年度安全生产重点任务计划的运行执行情况的跟进与监督。

风险管控和隐患排查治理预防机制更新和运行。

8月：

跟进气候变化，做好气候风险预警和应急工作。

跟进防暑降温、防台工作。

集中开展工程项目职业病危害、现场环境、脚手架、一帽一带等专项安全检查工作。

开展“五型”班组建设督导检查。

2023年度安全生产重点任务计划的运行执行情况的跟进与监督。

风险管控和隐患排查治理预防机制更新和运行。

9月：

组织主要负责人、分管负责人、安全生产管理人员、各团队负责人、项目经理和安全员开展中秋节、国庆节的事故隐患排查治理工作。

制定落实国庆假期值班人员表。

开展秋季安全生产大检查。

对三季度安全生产工作的情况和指标进行汇总。

2023年度安全生产重点任务计划的运行执行情况的跟进与监督。

风险管控和隐患排查治理预防机制更新和运行。

10月：

国庆长假重点关注出行安全、交通安全等。

国庆前后员工收心专题安全教育。

跟进秋季安全生产大检查工作。

组织开展注册安全工程师继续教育。

加强节假日期间工程项目安全督导检查。

2023年度安全生产重点任务计划的运行执行情况的跟进与监督。

风险管控和隐患排查治理预防机制更新和运行。

11月：

组织开展2023年消防宣传周活动。

组织主要负责人、分管负责人、安全生产管理人员、各团队负责人、项目经理和安全员开展消防安全事故隐患排查治理。

制定和实施冬季工程项目安全管控方案，重点对防火、防雪、防冻和高危作业等方面进行管控。

对未完成的年度重点工作进行系统梳理，详细规划完成时间。

风险管控和隐患排查治理预防机制更新和运行。

12 月：

组织开展安全生产法宣传周活动。

开展冬季作业安全知识宣传和培训工作。

组织 2023 年度安全生产工作总结，制订 2024 年安全生产工作计划。

元旦节前的事故隐患排查治理工作。

关注跟进圣诞节、元旦等群体庆祝活动，重点防范密集场所人员踩踏、火灾等事故的发生。

风险管控和隐患排查治理预防机制更新和运行。